学前教育专业大中专“十三五”重点规划多媒体系列教材

ZONGHE ZIRAN KEXUE JICHU

SHENGWU GAIYAO

综合自然科学基础

生物概要

主编　杨四清

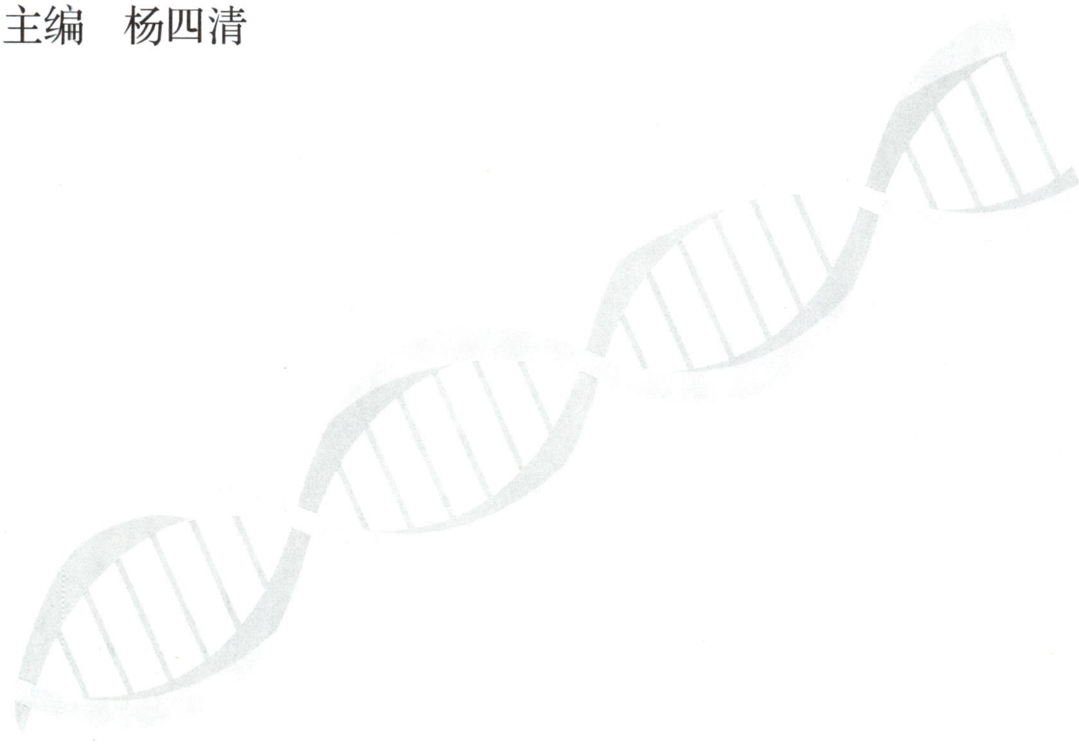

郑州大学出版社

图书在版编目(CIP)数据

综合自然科学基础.生物概要/杨四清主编.—郑州:郑州大学出版社,2020.8(2021.7 重印)
(学前教育专业大中专“十三五”重点规划多媒体系列教材)
ISBN 978-7-5645-6637-1

Ⅰ.①综… Ⅱ.①杨… Ⅲ.①生物学-幼儿师范学校-教材 Ⅳ.①Q

中国版本图书馆 CIP 数据核字(2019)第 167900 号

郑州大学出版社出版发行
郑州市大学路 40 号　　邮政编码:450052
出版人:孙保营　　发行部电话:0371-66966070
全国新华书店经销
河南龙华印务有限公司印制
开本:890 mm×1 240 mm　1/16
印张:8.5
字数:260 千字
版次:2020 年 8 月第 1 版　　印次:2021 年 7 月第 2 次印刷

书号:ISBN 978-7-5645-6637-1　　定价:22.00 元

作者名单

主　编：杨四清

副主编：赵巧丽　崔海燕　党秋彩
赵俊美　丁光雪

编　委：
冯　宇　刘明会　杨四清　陈　娟
赵巧丽　赵俊美　侯爱华　党秋彩
郭　变　崔　萌　崔海燕　丁光雪

前　言

教育部颁发的《幼儿园教师职业标准(试行)》《幼儿园教育指导纲要(试行)》《3~6岁儿童学习与发展指南》都对幼儿园教师的科学素养提出了要求。为了适应当前我国幼儿教师教育发展的新形势,满足河南省幼儿师范教育的需要以及为幼儿师范学校实施学前儿童科学教育奠定基础,促进幼儿教育事业的快速发展,提升幼儿教育质量,编写了这本适用于幼儿师范学校教育所需的自然科学系列教材中的生物教材——《生物概要》。

本教材以教育部2000年3月发布的幼儿师范学校生物教学的教学大纲为主要依据,在保证生物学知识体系系统完整的同时又不限于大纲。依据《中小学和幼儿园教师资格证考试标准及大纲》精神以及幼儿园教师职业化发展的需要,力求教材内容密切联系社会、生活实际,体现现代生物的发展,为培养师范生的科学素养和从事幼儿科学教育的能力奠定基础。为了促进幼儿师范学生的职业发展,注重生物学与科学教育的联系。增加了幼儿园科学活动案例,改进学生实验的设计和选择,尽力接近幼儿园科学教育的需要。充分发挥生物科学发展史的教育价值,为满足幼儿师范学生教师资格证考试的需要,选择和编制了符合幼儿园教师资格考试的特点和需要的课后习题。本书可以作为幼儿园教师资格考试的参考书。

另外,为了适用于不同层次幼儿师范教育的需求,编写教材时将内容分为两部分,其中带“*”号的章节,教师可以根据学校教学时间灵活选择使用。

本书杨四清为主编。参加本书各章节编写的人员有:杨四清、赵巧丽、崔海燕、党秋彩、丁光雪、赵俊美。驻马店幼儿师范高等专科学校的冯宇、刘明会、陈娟、郭变、侯爱华和崔萌,为本书提出了建设性意见,并对相应内容进行审阅。

在编写过程中,我们参考了大量书籍和文章,对于这些文献的作者,在此表示衷心的感谢。

为了不断提高教材质量及水平,书中若有错误、纰漏和不当之处,敬请广大读者不吝赐教。

编　者

2020年3月

目录

导言

什么是生物*

幼儿园中班科学活动“有生命的物体”：

一个小朋友跑过来告诉李老师，小文不小心踩死了一只蚂蚱。李老师过去后发现好几个小朋友正在气呼呼地责备小文，小文也不好意思地低着头。李老师对大家说：“蚂蚱是有生命的物体，我们应该爱护每一个有生命的物体。我相信，小文一定是无意的。这样吧，老师提一个建议，我们挖一个坑，把它安葬了吧！”于是，在幼儿园的草地上，举行了一场特殊的“葬礼”。葬礼过后，李老师说：“我们幼儿园里还有哪些有生命的物体呢？我们一起去找找它们吧！”

【探索活动】

自然界中哪些是生物，哪些是非生物？怎样区分生物与非生物？

生物具有以下六个基本特征。

第一，生物体都具有共同的结构基础和物质基础。从结构上来说，除病毒以外，生物体都是由细胞构成的，细胞是生物体的结构和功能的基本单位。从化学组成上说，生物体的基本组成物质中都有蛋白质和核酸，其中蛋白质是生物体结构的重要成分。蛋白质是生命活动的主要承担者，核酸则是一切生物的遗传物质，控制着细胞的生命活动。

第二，生物体都有新陈代谢功能。新陈代谢是活细胞中全部有序的化学反应的总称。生物体都不停地与周围环境进行物质和能量的交换：从外界吸取所需要的营养物质，经过一系列的化学反应，将这些物质转变成自身的组成成分，并且储存能量；同时，将自身的一部分物质加以分解，将产生的最终产物排出体外，并且释放能量，从而使生物体不断地进行自我更新。新陈代谢是生物体进行一切生命活动的基础。

第三，生物体都有应激性。生物都会对周围环境的刺激发生反应，这就是应激性。刺激包括温度、光照、声音等因素，反应是指生物做出的一种行为或是行为的改变。如根向地生长、向光生长，动物趋向有利刺激、躲避有害刺激的行为。非生物如岩石，就不会像生物体那样对刺激产生反应。生物体具有应激性，因而能适应周围的环境。

第四，生物体都有生长、发育和生殖的现象。生长是生物个体变大的过程，而发育是指生物个体的结构和功能变得更加复杂的过程。在新陈代谢基础上，生物个体由小长大，身体的结构和功能也发生一系列变化，最终发育成为一个成熟的个体。在生长发育的过程中，生物体需要消耗大量的能量去制造新细胞。另外，生物体发育成熟后，能够进行生殖，产生后代，以便保证种族的延续，如鸡可以下蛋，然后孵化出更多的小鸡。

第五，生物体都有遗传和变异的特性。每种生物的后代和它们的亲代都是基本相同但又不完全相同，肯定有这样或那样的差异。这说明生物体在生殖过程中，能将自身的遗传物质传递给后代，而后代个体也会产生各种变异。因此，生物的各个物种既能基本上保持稳定，又能不断地发展进化。

第六，生物体都能适应一定的环境，也能影响环境。所有现存的生物，它们的形态结构和生活习性都是与其生存环境大体上相适应的，不然就要被环境所淘汰，如海豚流线型的身体与它水生生活相适应，而仙人掌的叶子变化成叶刺也是与它生活的荒漠环境相适应的。同时，生物的各种生命活动也在使环境发生变化，如在沙地上栽种植物，可以防风固沙，进而改善环境。这都充分说明了生物与环境之间的密切关系。

以上这些基本特征，只有生物才具有，而非生物是不可能具有的，是区别生物与非生物的重要标志。

【知识巩固】

选择题

1.含羞草的叶子被碰后会合拢，这说明生物具有（　　）。

A.生长现象　　B.能对外界刺激做出反应　　C.繁殖　　D.呼吸

2.下列哪项不是所有生物具有的基本特征（　　）。

A.能运动　　B.能遗传和变异　　C.能适应和影响环境　　D.能够繁殖

第一章
植　物

第一节　植物的主要类群

地球上的植物，目前已知的有 30 多万种，它们既有共同的特征，又有各自的特点，可以分为四大类群：藻类植物、苔藓植物、蕨类植物和种子植物。

一、藻类植物

【探索活动】

1.利用放大镜或显微镜观察当地常见的藻类植物，如水绵、衣藻、海带等。

2.讨论这些藻类植物生活的环境，并观察它们的形态与你平时常见的植物有什么不同。

藻类植物的种类很多，生活在河流、湖泊、池塘中的叫作淡水藻，生活在海水中的叫作海藻。

观察图 1-1～图 1-3 可以知道，藻类植物有单细胞的，也有多细胞的，即使是个体比较大的藻类植物，也只有起固着作用的根状物和宽大扁平的叶状体。所以，藻类植物的结构比较简单，没有根、叶、茎等器官的分化。另外藻类植物的细胞里都含有叶绿体，所以能够进行光合作用。

图 1-1　衣藻

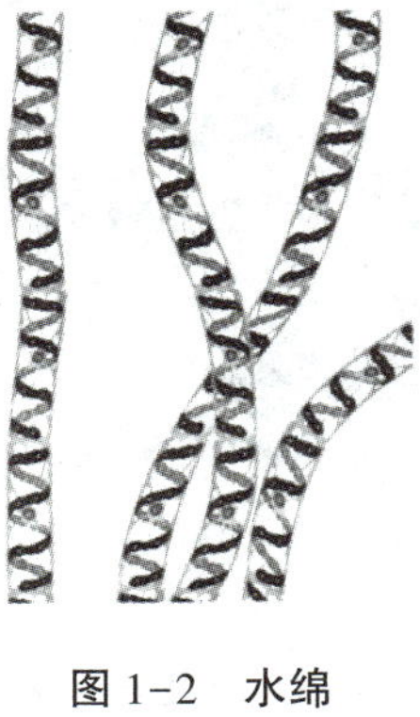

图 1-2　水绵

图 1-3　海洋藻类

二、苔藓植物

【探索活动】

利用放大镜观察当地常见的几种苔藓植物（如葫芦藓、墙藓、地钱等），记录它们的形态和颜色及生活环境。

夏天，在阴湿的地面和背阴的墙壁上，常常密集地生长着许多矮小的植物，就像毛茸茸的绿毯一样，这往往是苔藓植物。其中，比较常见的是葫芦藓、墙藓和地钱。

有些苔藓植物，如地钱，它们的植物体只是绿色扁平的叶状体，没有茎、叶的分化。叶状体前部分叉，好像我国古代的钱币，所以叫地钱。地钱成片地生长在阴湿的地表或墙壁上（图 1-4）。有些苔藓植物，如葫芦藓、墙藓，具有短小的茎和叶，但由于茎和叶里没有输导组织，因此叶又小又薄，植株长得十分矮小（图 1-5）。

图 1-4　地钱

图 1-5　葫芦藓

三、蕨类植物

【探索活动】

1.观察老师给你的蕨类植物，如肾蕨、铁线蕨、蕨等。

2.用放大镜观察叶的正面和背面，并用手抚摸，做好记录。

蕨类植物生长在森林和山野的阴湿环境中，比较常见的有肾蕨、铁线蕨、蕨等（图 1-6～图 1-8）。

图 1-6　肾蕨

图 1-7　铁线蕨

图 1-8　蕨

蕨类植物具有真正的根、叶、茎，而且根、叶、茎里具有输导组织，根吸收的水分和无机盐能够较快地输送到叶里，叶制造的有机物也能较快地输送到茎和根里。此外，蕨类植物还有比较发达的维管组织，所以蕨类植物植株比较高大，抵抗干旱的能力也比较强。藻类植物、蕨类植物对自然界和人类生活有着重要意义（图 1-9、图 1-10）。

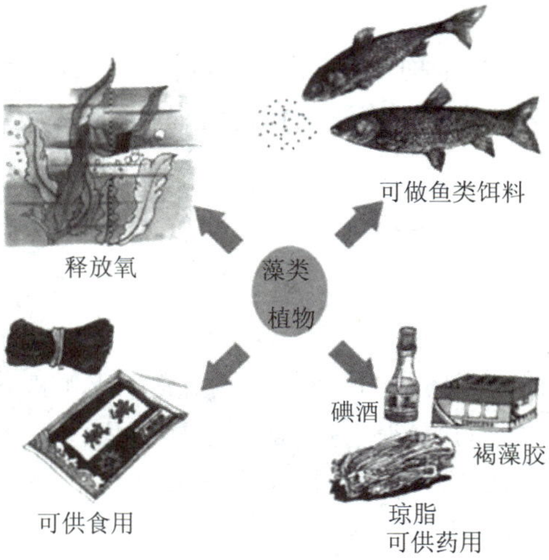

图 1-9　藻类植物的作用

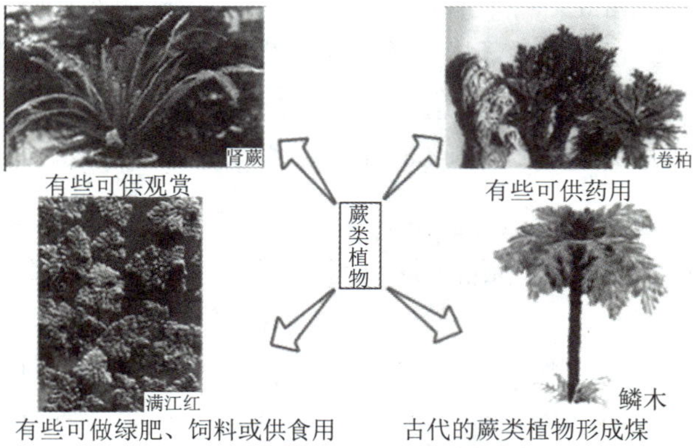

图 1-10　蕨类植物的经济意义

【知识巩固】

选择题

1.海带是我们常见的大型海藻,它的结构特点是(　　)。

A.植物体无根、茎、叶的分化

B.植物体只有茎、叶的分化

C.植物体有根、茎、叶的分化

D.植物体能产生种子

2.藻类植物和蕨类植物的共同特征是(　　)。

A.都是多细胞生物体

B.没有根、茎、叶的分化

C.全部生活在阴湿环境中

D.依靠孢子繁殖后代

3.与苔藓植物相比较,蕨类植物更适于陆地生活,原因是(　　)。

A.有了真正的根、茎、叶,而且根、茎、叶里有输导组织

B.用孢子进行繁殖

C.没有根、茎、叶器官的分化

D.植株矮小,茎和叶里没有输导组织

四、种子植物

【探索活动】

1.收集各种植物的果实,如苹果、桃、梨、橘子、山楂等,将它们小心切开,观察是否有种子,以及种子的着生位置。对比观察松树的球果(俗称“松塔”)以及是否有种子、种子在球果中的位置,并记录观察的结果。

2.思考这些植物种子的着生状况有什么不同,为什么有这样的区别。

松树的球果和苹果的果实里面都含有种子,所以松树和苹果都属于种子植物。不过,松树和苹果又有明显的不同:松树的种子是裸露着的,外面没有果皮包被着,因此属于裸子植物。苹果的种子不裸露,外面有果皮包被着,因此属于被子植物。这就是说,种子植物又可以分为两类:裸子植物和被子植物。

(一)裸子植物

油松、雪松、云杉、银杏、苏铁、侧柏、银杉、水杉等都是裸子植物。裸子植物具有发达的茎、叶和根系。

体内具有大量的管胞，管胞兼有疏导和支持双重作用，植物体内的疏导和支持功能比藻类植物、苔藓植物和蕨类植物明显增强，所以，裸子植物可以生长得很高大。

裸子植物的经济意义十分重大。裸子植物大都是高大的乔木，是构成我国北方森林的重要树种，也是各地常见的绿化树种。松树、杉树、侧柏的木材坚固，不易腐烂，是应用广泛的建筑材料。此外，从松的树脂中可以提取松节油和松香，供工业和医药上使用。

（二）被子植物

在地球上的30多万种植物中，被子植物就占20多万种，是植物界种类最多，分布最广的植物。它们形态各异，花果繁盛，使地球成了一个繁花似锦、硕果累累的美好世界。

被子植物的植物体一般是由根、叶、茎、花、果实和种子六种器官构成的，种子的外面有果皮包被着。

裸子植物和被子植物都属于种子植物，它们不仅具有了发达的根、叶、茎，而且受精过程不需要水。种子是生殖器官，种子植物就是依靠种子来繁殖后代的。与藻类植物、苔藓植物和蕨类植物相比，种子植物抵抗干旱和其他不良环境条件的能力更强，因而更适于在陆地上生活。

【知识巩固】

一、选择题

1.下列植物中属于裸子植物的是（　　）。

A.梨　　B.白菜　　C.侧柏　　D.刺槐

2.下列关于裸子植物的叙述中，不正确的是（　　）。

A.种子是裸露的　　B.没有果实

C.种子的外面有果皮包被　　D.属于种子植物

3.被喻为中国鸽子树的“植物活化石”是（　　）。

A.珙桐　　B.银杉　　C.银杏　　D.猕猴桃

二、简答题

为什么说种子植物抵抗干旱和其他不良条件的能力更强？

第二节　被子植物的形态、结构与生理

一株完整的被子植物是由根、茎、叶、花、果实和种子六种器官组成的。其中，根、茎、叶担负着植物营养物质的吸收、制造和运输等生理功能，因此被称为营养器官；而花、果实和种子与植物的繁殖有关，被称为生殖器官。

一、根

【探索活动】

1.观察几种常见的植物，如蒲公英，试着将它连根拔起，感觉是否容易，并利用放大镜仔细观察这些植物的根，看看各有什么特点。

2.与同学们一起交流采集的标本和观察的结果。

（一）根的形态

种子萌发时，胚根突破种皮向下生长而形成的根，称为主根，而在主根上产生的各级分支都叫作侧根。主根和侧根都有一定的发生位置，因此又合称为定根。凡是发生在主根和侧根之外的根都叫作不定根。

凡是主根粗壮发达，主根和侧根有明显区分的根系称为直根系。绝大多数双子叶植物的根系都是直根

系，如棉花、菜豆、杨树等。主根不发达，主根生长缓慢或停止生长，主要由茎基部产生的许多较长的粗细相似的不定根组成的根系，称为须根系。绝大多数单子叶植物的根系都是须根系，如水稻、小麦、玉米等。

（二）根的变态

在自然界中，有些植物的根，由于环境的变化，因适应某一特殊的生理功能，而改变其形态结构，这种现象称为根的变态。常见的变态根有以下几种。

肉质直根　肉质直根是由胚根和胚轴发育来的，粗大单一，变态根内薄壁组织发达，细胞内贮藏着大量的营养物质。如萝卜、胡萝卜、甜菜等。

块根　块根是由不定根或侧根发育而来的，形状多种多样，多为不规则块状，根的细胞内贮藏了大量淀粉等营养物质，如甘薯等。

寄生根　有些植物的不定根发生变态，它们直接伸入寄主植物的组织中，吸收生活所需要的物质，因而严重影响寄主植物的生长，这种根叫作寄生根，如菟丝子。

支持根　一些植物在接近地面的茎节上出现不定根伸入土中，具有支持植物体的作用，这种根叫作支持根，如玉米、高粱等禾本科植物。

（三）根尖的结构

根从顶端到生有根毛的一小段叫作根尖。根尖从顶端向上依次为根冠、分生区、伸长区、成熟区。（图 1-11）

图 1-11　根尖的纵剖面

根冠位于根的尖端，是由许多排列不规则的薄壁细胞组成，它像一顶帽子套在分生区的外面，具有保护作用，所以称它为根冠。

分生区被根冠包围着，细胞很小，排列紧密，具有很强的分裂能力，能不断地进行细胞分裂，产生出新的细胞，其中一部分向前方发展，形成根冠细胞，大部分向后方发展，经过细胞的生长、分化，逐渐形成根的各种结构。

伸长区的细胞分裂已逐渐停止，体积扩大，细胞显著地沿根的长轴方向延伸。伸长区细胞的延伸，使根显著地伸长，有利于根转移到新的环境，吸取更多的矿物质营养。

成熟区的各种细胞已停止伸长，并且多已分化成熟，表皮常产生根毛，因此，也称为根毛区。大量的根毛使根吸收面积大大增加，所以成熟区是根吸收水分和矿质元素的主要部位。

（四）根对水分的吸收

绿色植物吸收水分的主要器官是根。根吸收水分最活跃的部位是成熟区的表皮细胞。那么，成熟区的表皮细胞是怎样吸水的呢？植物细胞在形成大的液泡以后，主要靠渗透作用来吸收水分的。

一个成熟的植物细胞由细胞壁、细胞膜、细胞质和细胞核组成，细胞质中有一个大的液泡，液泡的表面是液泡膜（图 1-12）。细胞壁主要是由纤维素和果胶构成的，是全透性的。细胞膜和液泡膜都是选择透过性膜，水分子可以自由通过，而蔗糖等大分子则不能。从整个细胞来看，我们可以把原生质层（包括细胞膜、液泡膜和这两层膜之间的细胞质）看作是一层选择透过性膜。这层膜把液泡里面的细胞液与外界环境隔开。

根尖成熟区的表皮细胞就具有这样的结构，它与土壤溶液充分接触，当土壤溶液的浓度大于细胞液的浓度时，表皮细胞就通过渗透作用失水；反之，当土壤溶液的浓度小于细胞液的浓度时，表皮细胞就通过渗透作用吸水。

通常情况下，土壤溶液的浓度比较低，根毛、表皮以内的各层细胞以及成熟区导管内溶液的浓度依次增高。这样，土壤溶液中的水分就通过渗透作用进入成熟区表皮细胞中，并且通过成熟区表皮细胞以内的层层细胞向里渗入，最终进入导管。另外，土壤溶液中的水分，还可以通过成熟区表皮细胞的细胞壁以及成熟区表皮细胞以内层层细胞之间的细胞间隙向里渗入，最终也进入导管（图 1-13）。

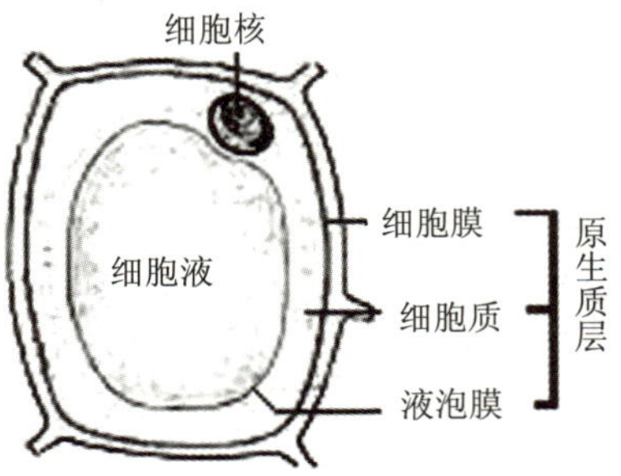

图 1-12　成熟的植物细胞的结构

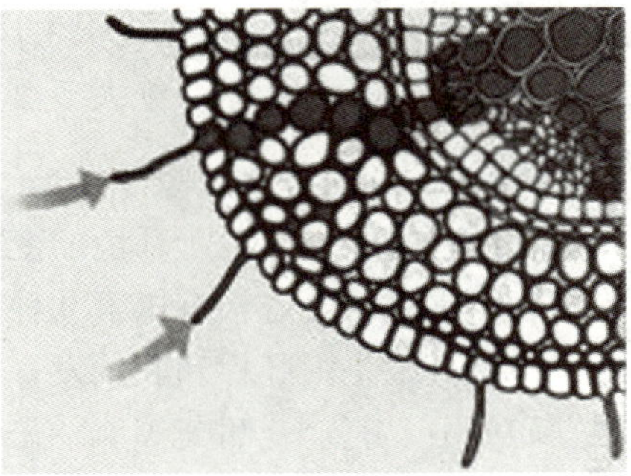

图 1-13　土壤溶液中的水分进入导管

根吸收的水分，通过根、茎、叶中的导管，运输到植株的地上部分。

（五）根对矿质元素的吸收

根吸收矿质元素最活跃的部位也是成熟区。成熟区表皮细胞吸收土壤溶液中各种矿质元素的过程，与根细胞的呼吸作用有密切关系。成熟区表皮细胞通过呼吸作用产生二氧化碳（CO_2），二氧化碳溶于水中，生成碳酸（H_2CO_3），碳酸可以解离成 H^+ 和 HCO_3^-。吸附在根细胞的细胞膜表面的 H^+ 和 HCO_3^-，可以分别与土壤溶液中的阳离子（如 K^+、NH_4^+）和阴离子（如 NO_3^-）发生交换，这样，H^+ 和 HCO_3^- 就进入土壤溶液中，而土壤溶液中的一些阳离子和阴离子则被吸附到成熟区表皮细胞的细胞膜的表面上来。然后，这些离子进一步转移到成熟区表皮细胞的内部去，这个过程需要消耗细胞通过呼吸作用所释放出的能量。由此可见，各种矿质元素都是以离子状态被成熟区表皮细胞吸收的。

根吸收矿质元素的离子和吸收水分的原理不同，它们是两个相对独立的过程。

【知识巩固】

一、选择题

1.根吸水分和无机盐的主要部位是（　　）。
　A.分生区　　B.成熟区　　C.伸长区　　D.根冠

2.下列关于根尖伸长区的描述中，错误的是（　　）。
　A.细胞小，细胞核大　　B.是根尖生长最快的部位
　C.构成细胞来自分生区　　D.细胞的体积增大

3.我们通常食用的甘薯，实际上是植物的哪种器官的变态形式（　　）。
　A.肉质直根　　B.块根　　C.块茎　　D.根状茎

二、简答题

1.被子植物的根系有哪两种类型，怎样区分它们？
2.根尖由哪几部分组成？哪部分是吸收水分和矿质元素的主要部位？
3.常见的变态根有哪几种？各有什么特点？
4.土壤中的水分是怎样进入根尖成熟区表皮细胞的？

二、茎

（一）茎的特征

茎的顶端着生有顶芽，旁侧着生有侧芽，也叫作腋芽。茎上着生叶子的部位叫作节，相邻两个节之间的一段叫作节间。叶子脱落后留下的疤痕，称为叶痕。着生叶和芽的茎称为枝条，也就是说，茎是枝上除去叶和芽以后所留下的部分。（图 1-14）

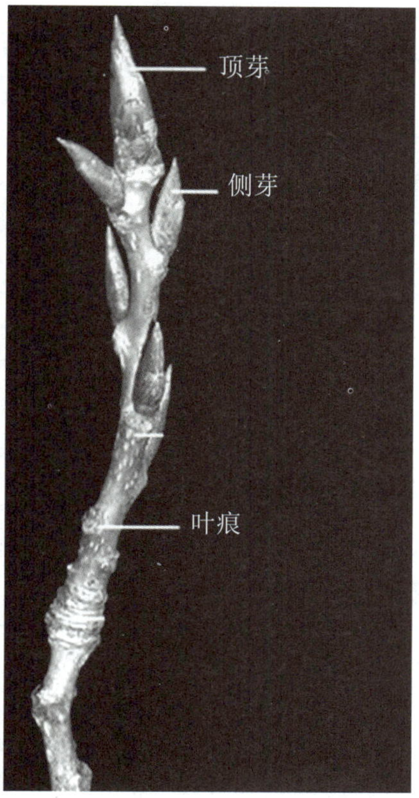

图 1-14　茎的特征

（二）茎的类型

直立茎　大多数植物的茎背地生长，直立地面，如小麦、玉米等。

匍匐茎　有些植物的茎平卧在地面上蔓延生长，节上生有不定根，如甘薯、草莓等。

缠绕茎　有些植物的茎细而软，不能直立，只能缠绕在支持物上向上生长，如牵牛、菜豆、紫藤等。

攀缘茎　有些植物茎的一部分形成卷须、吸盘等结构，攀缘他物生长，如黄瓜、丝瓜、葡萄、地锦（又名爬山虎）等。

（三）茎的结构

以双子叶植物中的木本植物为例，茎的结构从外到内依次是树皮、形成层、木质部和髓。（图 1-15）

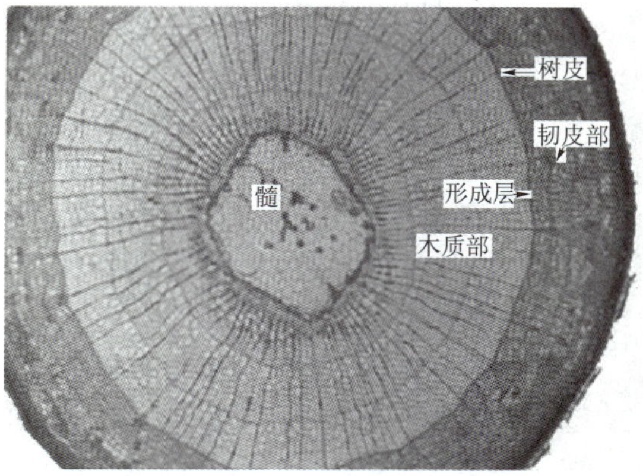

图 1-15　木本植物茎的横切面

树皮由许多层形态、结构不同的细胞组成。树皮的外侧部分主要起保护作用；内侧部分叫作韧皮部，其中有筛管和韧皮纤维。茎中的筛管与根和叶中的筛管相通连，是运输有机物的通道。韧皮纤维起支持作用。

形成层位于韧皮部和木质部之间，由几层细胞构成，中间的一层细胞具有分裂能力，向外分裂产生新的韧皮部，向内分裂产生新的木质部，所以茎才能逐年加粗。

木质部主要有导管和木纤维。茎中的导管与根、叶脉中的导管相通连，是运输水分和矿质元素的通道。木纤维具有很强的支持力。木本植物的茎之所以坚硬，主要是木纤维的作用。

髓由薄壁细胞构成，有贮藏营养物质的作用。

（四）茎的变态

茎卷须是地上枝的变态，变成可攀缘的卷须，缠绕于支持物上，牵引植物向上攀缘生长（图 1-16），如葡萄等。

茎刺是分枝或芽的变态，发育成刺状，具有防止动物伤害的作用（图1-17），如皂荚、山楂。

图1-16　茎卷须

图1-17　茎刺

肉质茎的茎绿色，肥大多汁，薄壁组织特别发达，适于贮藏水分，并进行光合作用。叶片高度退化或成刺状，借以降低蒸腾作用，所以适于生长在干旱地区，如仙人掌。

根状茎是某些多年生植物地下茎的变态，其形状如根，如芦苇、莲、毛竹都有发达的根状茎。藕就是莲的根状茎，竹鞭就是竹的根状茎。

块茎是某些植物的地下茎的末端膨大，形成块状体，如马铃薯。在块茎上能看到茎的特点，如有节、节间、退化的小叶以及顶芽、侧芽等。

球茎是指某些植物的地下茎先端膨大成球形，有发达的顶芽，明显的节和节间，节上有膜质的鳞片叶和腋芽，下部有多数的不定根，如荸荠、芋头。

鳞茎是指某些植物的茎节间缩短，呈扁平形态的鳞茎盘，其上部中央生有顶芽，四周有鳞叶重重包着，鳞茎盘下产生不定根，如洋葱、大蒜、百合、郁金香、水仙、葱等。

（五）茎的输导作用

茎是植物体物质运输的主要通道，一方面，根从土壤中吸收的水分和矿质元素，要通过茎输送到地上各部；另一方面，叶进行光合作用所制造的有机物，也要通过茎输送到体内各部，便于利用或贮藏。

【知识巩固】

一、填空题

茎的顶端着生有________，旁侧着生有________，也叫作________。茎上着生叶子的部位叫作________，相邻两个节之间的一段叫作________。

二、选择题

1.牵牛的地上茎本身可以缠绕他物上升，这种变态茎称为（　　）。

A.匍匐茎　　B.攀缘茎　　C.缠绕茎　　D.茎卷须

2.多年生双子叶植物茎能够逐年长粗，这是哪一部分细胞分裂的结果（　　）。

A.树皮　　B.形成层　　C.木质部　　D.髓

3.茎运输水分和矿质元素的方向和途径是怎样的（　　）。

A.自上而下，木质部中的导管　　B.自上而下，韧皮部中的筛管

C.自下而上，木质部中的导管　　D.自下而上，韧皮部中的导管

4.茎运输有机物的方向和途径是怎样的（　　）。

A.自上而下，木质部中的导管　　B.自上而下，韧皮部中的筛管

C.自下而上，木质部中的导管　　D.自下而上，韧皮部中的导管

5.下列哪一种不属于茎的变态(　　)。

A.藕　　B.荸荠　　C.洋葱　　D.萝卜

6.马铃薯的地下茎是一种(　　)。

A.根状茎　　B.块茎　　C.球茎　　D.鳞茎

三、叶

(一)叶的形态

植物的种类不同,叶的形态往往不同。如果植物的叶是由叶片、叶柄和一对托叶组成的,这样的叶叫作完全叶(图 1-18),如桃、苹果等的叶。如果植物的叶只具有这三部分中的一个或两个部分,这样的叶叫作不完全叶。如圆叶牵牛和枫树的叶,只有叶片和叶柄,没有托叶,而莴笋的叶只有叶片,没有叶柄和托叶。

叶有单叶和复叶之分。在一个叶柄上只有 1 个叶片的,叫作单叶;在一个总叶柄上生有 2 个以上小叶的,叫作复叶(图 1-19、图 1-20)。

图 1-18　叶的组成

图 1-19　羽状复叶

图 1-20　掌状复叶

叶片的形状叫作叶形。根据叶片长度与宽度的比例和叶片中最宽处所在的位置,可分为以下常见类型(图 1-21)。

最宽处	长=(≈)宽	长>宽1.5～2倍	长>宽3～4倍	长>宽5倍以上
在近叶的基部	阔卵形(杏) 	卵形(女贞) 	披针形(柳桃) 	条形(韭菜) 
在叶的中部	圆形(莲) 	阔椭圆形(橙) 	长椭圆形(茶) 	剑形(菖蒲) 
在叶的先端	倒阔卵形(玉兰) 	倒卵形(南蛇藤) 	倒披针形(小蘗) 	

图 1-21　叶片的基本类型

叶在茎上排列的方式,叫作叶序,常见的有以下三种(图 1-22)。

图 1-22　叶序的基本类型

(二)叶片的基本结构

叶片的基本结构包括表皮、叶肉、叶脉三部分(图 1-23)。表皮包在叶的最外层,包括上表皮和下表皮,由一层排列紧密、无色透明的表皮细胞组成。表皮细胞的外壁上有一层透明的、不易透水的角质层。表皮主要有保护作用。表皮上有成对的半月形的保卫细胞,一对保卫细胞之间的孔隙,叫作气孔。气孔是叶片与外界进行气体交换的"窗口"。

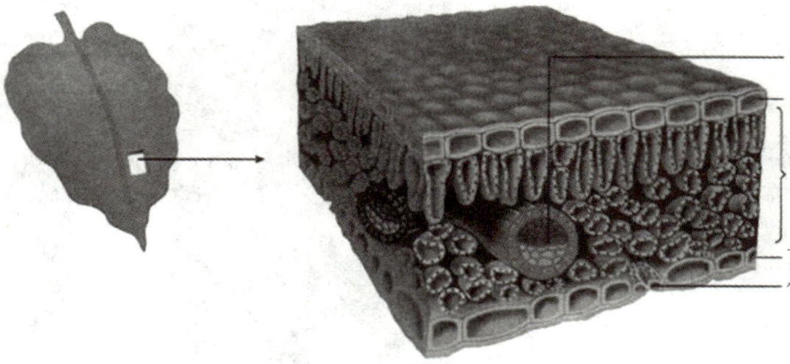

图 1-23　叶片的基本结构

叶肉位于上、下表皮之间,由大量的叶肉细胞组成。叶肉细胞里含有许多颗粒状的叶绿体,叶绿体中含有叶绿素,所以叶片通常是绿色的。叶绿体是绿色植物进行光合作用所必需的,因此,叶肉有制造和贮藏营养的作用。叶肉可分为栅栏组织和海绵组织两层。栅栏组织接近上表皮,细胞呈长柱形,排列整齐,呈栅栏状,细胞中叶绿体较多;海绵组织接近下表皮,细胞形状不规则,排列不整齐,疏松而多间隙,类似海绵状,细胞中叶绿体较少。

叶脉分布在叶肉中,是叶片的骨架,具有支持作用;叶脉中有导管和筛管,所以还有输导作用。

(三)叶的变态

有些植物叶的形态和功能都与正常叶不同,这样的叶叫作变态叶。

叶刺　有些植物的叶或叶的某一组成部分会变化成刺,叫作叶刺(图 1-24)。如仙人掌的叶变化成叶刺,可以大大降低水分的蒸腾,使仙人掌能很好地适应干旱的荒漠环境,另外,叶刺还有保护作用,能够防止植株遭受动物的掠食。刺槐复叶基部的刺和酸枣叶基部的刺,是由托叶变化而成的(图 1-25)。

图 1-24　叶刺

图 1-25　托叶刺

叶卷须　有些植物叶的一部分变化呈卷须状，叫叶卷须（图 1-26）。如豌豆复叶顶端的小叶变化成叶卷须，可以使豌豆攀缘在别的物体上生长。

图 1-26　叶卷须

图 1-27　鳞叶

鳞叶　有些植物的叶变化呈鳞片状，叫作鳞叶（图 1-27）。常见的鳞叶是地下茎上的鳞叶，又可分为肉质鳞叶和膜质鳞叶两种。如洋葱的外表就长有干膜状的膜质鳞叶，而内部是肥厚的肉质鳞叶，可以食用。荸荠、藕上也都长有膜质鳞叶。

（四）叶的光合作用

光合作用是绿色植物通过叶绿体，利用光能，把二氧化碳和水合成储存能量的有机物，并且释放出氧气的过程。

光合作用的过程，可以用下列的反应式来概括，其中（CH_2O）表示糖类。

$$CO_2+H_2O \xrightarrow[\text{叶绿体}]{\text{光能}} (CH_2O)+O_2$$

光合作用是一个非常复杂的过程，可以分为光反应和暗反应两个阶段（图 1-28）。

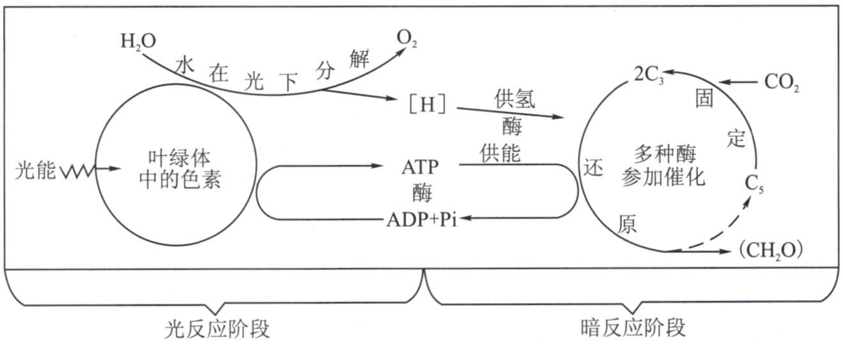

图 1-28　光合作用过程的图解

光反应阶段　光合作用第一个阶段中的化学反应，必须有光才能进行，所以称它为光反应阶段。

在光反应阶段中，叶绿体中的色素吸收光能，这些光能有两方面的用途：一方面是将水分子分解成氧和[H]，氧直接以分子的形式释放出去，而[H]则被传递到叶绿体的基质中，作为活泼的还原剂，参与到第二个阶段中的化学反应中去；另一方面是在有关酶的催化作用下，促成 ADP（二磷酸腺苷）与 Pi 发生化学反应，形成 ATP，这里，光能转变为化学能并且储存在 ATP（腺苷三磷酸）中，这些 ATP 将参与到第二个阶段中的化学反应中去。

暗反应阶段　光合作用第二个阶段中的化学反应，有光无光条件下都可以进行，所以称它为暗反应阶段。暗反应需要许多种酶参加催化才能正常进行。

绿叶从外界吸收来的二氧化碳，不能直接被氢还原，它必须首先与植物体内的一种五碳化合物（用

C_5 表示)相结合,这个过程就叫作二氧化碳的固定。一个二氧化碳分子与一个五碳化合物分子结合,很快形成两个三碳化合物(用 C_3 表示)分子。在有关酶的催化作用下,一些三碳化合物接受 ATP 释放出的能量,被光反应时水分解所产生的[H]还原,然后经过一系列复杂的变化,形成糖类。另一些接受能量并被还原的三碳化合物则经过一系列的化学变化,又形成五碳化合物,从而使暗反应阶段的化学反应持续进行下去。

由此可见,光反应阶段和暗反应阶段是一个整体,在光合作用的过程中,二者是紧密联系、缺一不可的。

光合作用的实质就是:把二氧化碳和水转变成有机物,同时把光能转变成化学能,储存在有机物中。

光合作用为包括人类在内的几乎所有生物的生存提供了物质来源和能量来源,因此,光合作用对于人类和整个生物界都有重要的意义。

(五)叶的呼吸作用

植物的叶在时刻进行着呼吸作用,通过呼吸作用释放能量,保证各种生命活动的顺利进行。其实,植物的根、茎、花、果实、种子也都能进行呼吸作用。植物的呼吸作用有两种类型:有氧呼吸和无氧呼吸。

有氧呼吸是指植物细胞在氧气的参与下,通过酶的催化作用,把糖类等有机物彻底氧化分解,产生出二氧化碳和水,同时释放出大量的能量过程。有氧呼吸是高等植物进行呼吸作用的主要形式,人们通常所说的呼吸作用就是指有氧呼吸。细胞进行有氧呼吸的主要场所是线粒体。

一般说来,葡萄糖是植物细胞进行有氧呼吸时最常利用的物质,因此有氧呼吸的过程可以用下面的反应式来表示:

$$C_6H_{12}O_6+6H_2O+6O_2 \xrightarrow{\text{酶}} 6CO_2+12H_2O+\text{能量}$$

有氧呼吸的全过程,可以分为三个阶段(图 1-29):第一个阶段,一个分子的葡萄糖分解成两个分子的丙酮酸,在分解过程中产生少量的[H],同时释放出少量的能量;第二个阶段,丙酮酸和水彻底分解成二氧化碳和[H],二氧化碳被释放出来,同时释放出少量的能量;第三个阶段,前两个阶段产生的[H],经过一系列的反应,与氧结合而形成水,同时释放出大量的能量。以上三个阶段,都由不同的酶来催化。1 mol的葡萄糖在彻底氧化分解以后,放出的能量总共有 2 870 千焦,其中有 1 255 千焦左右的能量储存在 ATP 中,其余的能量都以热能的形式散失掉了。

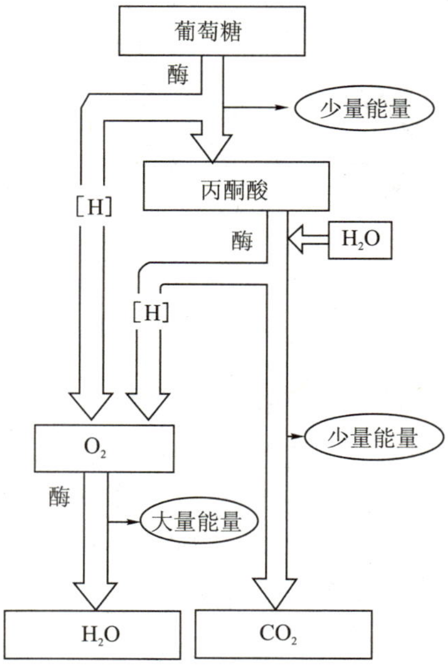

图 1-29　有氧呼吸过程的图解

高等植物进行呼吸作用的主要形式是有氧呼吸，但是，高等植物仍然保留有无氧呼吸的能力。例如，在缺氧的情况下（如水淹），高等植物可以进行短时间的无氧呼吸，以适应不利的环境条件。无氧呼吸一般是指在无氧条件下，通过酶的催化作用，植物细胞把糖类等有机物分解成为不彻底的氧化产物，同时释放出少量能量的过程。它的反应式为：

$$C_6H_{12}O_6 \xrightarrow{酶} 2C_2H_5OH（酒精）+2CO_2+能量$$

在无氧呼吸中，葡萄糖的氧化分解是很不彻底的，所以，释放出的能量也比有氧呼吸释放出的要少得多。

呼吸作用对于植物生命活动的重要意义，最突出的一点是，呼吸作用能为植物的各项生命活动提供能量，例如细胞的分裂、植株的生长、矿质元素的吸收、新物质的合成等。

（六）叶的蒸腾作用

【探索活动】

准备好一株生长旺盛的植物，如凤仙花，用透明的塑料袋罩住全部叶子，袋口用线绳扎紧，把它放在阳光充足的地方。注意观察，一段时间后，塑料袋的内壁上有无水珠出现。思考一下，这是为什么。

水分以气体状态从体内通过植物体的表面，散失到大气中的过程，称为蒸腾作用。植物的主要蒸腾器官是叶，所以蒸腾作用是叶的一个重要生理功能。

叶片进行蒸腾作用的途径有两条：一条是通过角质层，另一条是通过气孔（图 1-30）。角质层本身不易透水，通过角质层蒸腾掉的水分仅占总蒸腾量的 5%～10%。所以，通过气孔蒸腾水分才是蒸腾作用的主要途径。

气孔的开闭又控制着蒸腾作用的进行。植物由根部吸收来的水分，通过根、茎、叶的导管输送到叶肉细胞里，这些水分，除了很小一部分参加植物体内各项生命活动以外，绝大部分变成水蒸气，通过气孔散发到大气中去（图 1-31）。

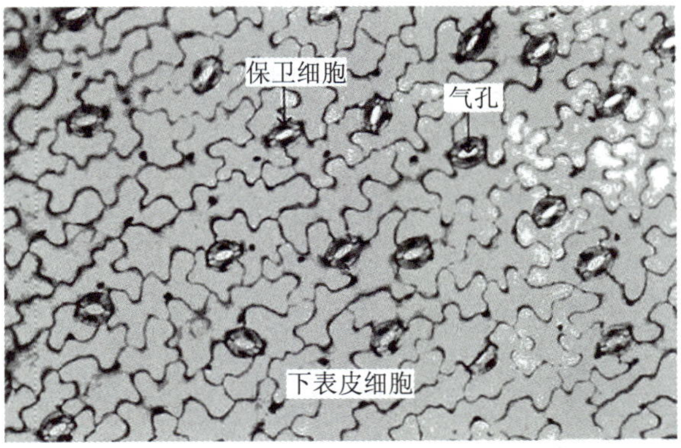

图 1-30　蚕豆叶的下表皮

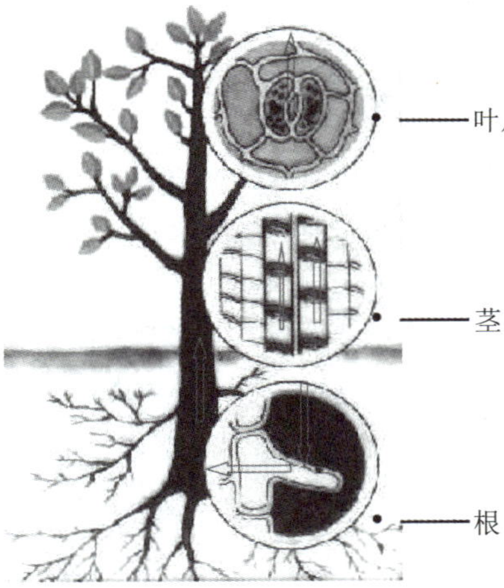

图 1-31　蒸腾作用的过程

蒸腾作用对植物的生命活动有重大意义：①植物通过蒸腾作用散失水分，是植物吸收水分和促使水分在体内运输的主要动力。高大的树木，如果没有蒸腾作用通过散失水分所产生的拉力，水分就不能到达树冠。②植物通过蒸腾作用散失水分，还可以促进溶解在水中的矿质元素在植物体内运输；③蒸腾作用中水变为水蒸气时吸收热能，可以降低植物体特别是叶片的温度，避免因强烈的阳光照射而造成灼伤。

【知识巩固】

一、填空题

1. 完全叶是由__________、__________和__________共同组成的。

2.叶片的结构包括__________、__________和__________三个部分。

3.光合作用的产物是________和________,光合作用的条件是________和________。

二、选择题

1.仙人掌的刺是一种(　　)。

A.变态叶　　B.变态枝　　C.变态茎　　D.表皮的突出物

2.下列哪一种说法是正确的(　　)。

A.保卫细胞靠近气孔一侧的细胞壁比较薄

B.保卫细胞吸水膨胀时,细胞会向外弯曲

C.细胞向外弯曲,于是气孔会关闭

D.叶肉细胞中有成对的半月形细胞,叫保卫细胞

3.每个节上着生 3 片或 3 片以上的叶,排列成轮状,这是(　　)。

A.互生叶序　　B.对生叶序　　C.轮生叶序　　D.簇生叶序

4.下列哪种说法是正确的(　　)。

A.植物的蒸腾作用会散失大量的水分,这是一种浪费

B.植物的气孔很小,因此,通过气孔散失的水分很少

C.在植物体内,水往高处流,这主要是蒸腾作用拉动的

D.植物体内的水分只能通过气孔散失掉

5.下列哪个过程是发生在暗反应阶段的(　　)。

A.叶绿素吸收光能　　B.二氧化碳的固定

C.氧气的形成　　D.ATP 的形成

三、简答题

在有氧呼吸过程中,能量是如何释放的?

四、花

(一)花的基本结构

被子植物的种类不同,花的形态、大小、颜色多种多样,但它们的基本结构却是相同的,都是由花柄、花托、花被、花蕊四个部分组成(图 1-32)。

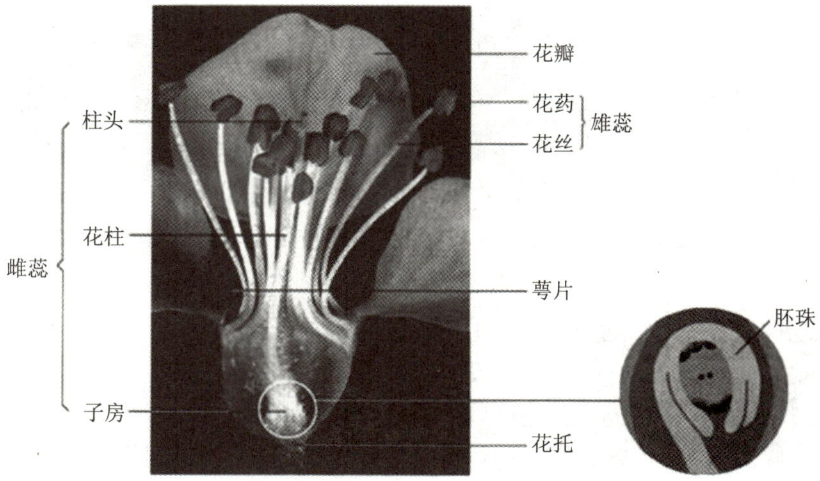

图 1-32　桃花的基本结构

花柄又叫花梗,连接着茎和花,具有输导和支持作用。

花托是花柄的顶端部分,通常比较膨大,花的其他部分都着生在它的上面。

花被包括花萼和花冠。花萼由许多萼片组成，萼片比花瓣小而厚，通常为绿色。花开放以前，花萼有保护花的内部结构的作用。花冠由许多片花瓣组成，花开放以前保护花的内部结构，花开放以后靠美丽的颜色招引昆虫传粉。常见的花冠有下图所示的一些类型（图 1-33、图 1-34）。

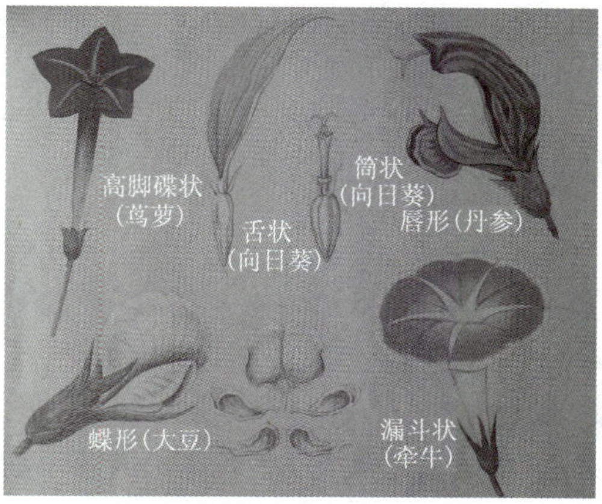

图 1-33　花冠的类型 A

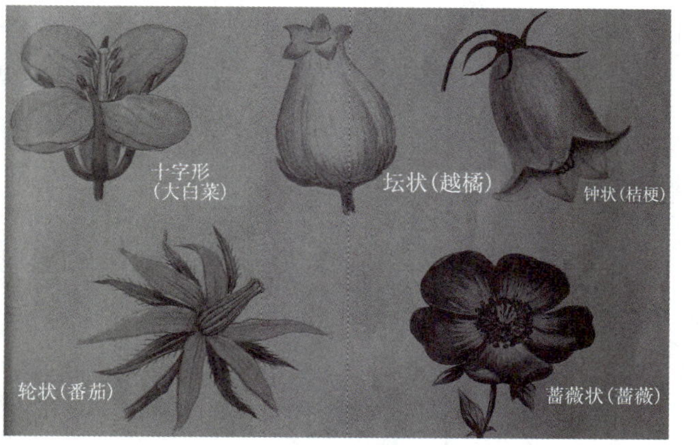

图 1-34　花冠的类型 B

花蕊是雄蕊和雌蕊的总称，是一朵花的主要部分。雄蕊由花药和花丝组成。花丝通常是丝状，支持着花药，花药里面有花粉。雌蕊由柱头、花柱和子房组成，其中的子房将来发育成果实。

（二）花的种类

如果从花蕊的情况看，花可以分为单性花和两性花两大类。一朵花中既有雄蕊又有雌蕊的花，叫作两性花，如桃花、棉花等，大多数植物的花都是两性花。一朵花中只有雄蕊或者只有雌蕊的花，叫作单性花，如黄瓜、南瓜、玉米的花。单性花有的只有雄蕊，有的只有雌蕊。只有雄蕊的花，叫作雄花；只有雌蕊的花，叫作雌花。

有些植物的每朵花都是单独生长在茎上的，这样的花叫作单生花，如桃树、莲、牡丹等。单生花的花朵，一般比较大。而有些植物的花是按照一定的顺序着生在花轴上的，形成了花序。常见的花序有下图所示几种类型（图 1-35～图 1-39）。

图 1-35　总状花序（青菜）

图 1-36　穗状花序（车前草）

图 1-37　柔荑花序

图 1-38　伞房花序(梨)

图 1-39　头状花序(蒲公英)

(三)开花

花的各个部分发育成熟时,花被展开,雄蕊和雌蕊显露出来,这就是开花。各种植物的开花习性不同,表现在植物的开花年龄、开花季节和开花期长短都不一致。例如,一年生植物,一般生长几个月就能开花,如牵牛、玉米;二年生植物生长到第二年才开花,如白菜、萝卜;也有少数多年生植物,如竹子,在一生中只开花一次,开花以后很快就会死去。一、二年生的植物,一生中仅开花一次。多年生植物在达到开花年龄后,就能每年在一定时候开花,延续多年。不同植物的开花季节也不完全相同,但大体上集中在早春季节的较多。花期的长短也很有差异,有的仅几天,如桃、杏、李等,也有持续一、二个月或更长的,如蜡梅。热带植物中有些种类几乎终年开花,如可可、桉树、柠檬等。

(四)传粉

花药发育成熟以后,花粉从花药内散放出来,借助一定的媒介力量,传送到同一花或另一花的雌蕊柱头上的过程,称为传粉。传粉一般有两种方式,即自花传粉和异花传粉。

一朵花的花粉散出来后,落到同一朵花的柱头上的传粉现象,称为自花传粉。栽培植物中的大麦、小麦、豌豆、番茄等,都是这样传粉的;一朵花的花粉传送到同一植株或不同植株另一朵花的柱头上的传粉方式,称异花传粉。玉米、油菜、向日葵、梨、苹果、南瓜都是这种传粉方式。

玉米的花和苹果的花都是异花传粉的,但依靠的媒介力量不同。依靠风力传粉的花,叫作风媒花,如玉米的花。风媒花的花朵比较小,花被的颜色不鲜艳,或者没有花被;花粉多而轻,容易被风吹散;柱头常有分叉和黏液,容易接受花粉。依靠昆虫传粉的花,叫作虫媒花,如苹果的花。虫媒花一般具有大而鲜艳的花被,有的还具有芳香的气味或甘甜的花蜜,昆虫在采食花蜜的同时就进行了传粉。

(五)受精

传粉以后,落到柱头上的花粉,受到柱头上黏液的刺激,就开始萌发,生出花粉管。花粉管穿过花柱,进入子房,一直到达胚珠。伸长的花粉管里有两个精子,都集中到花粉管的顶端。胚珠的外层是珠被,顶端有一个珠孔。胚珠里面靠近珠孔的地方,有一个比较大的细胞,叫作卵细胞,胚珠的中央有两个极核。花粉管到达胚珠以后,从珠孔伸进去。随后,花粉管的顶端破裂,两个精子移动出来:一个精子与卵细胞融合,形成受精卵;另一个精子与两个极核融合,形成受精极核,这个过程就叫作双受精(图 1-40)。双受精是被子植物所特有的现象。

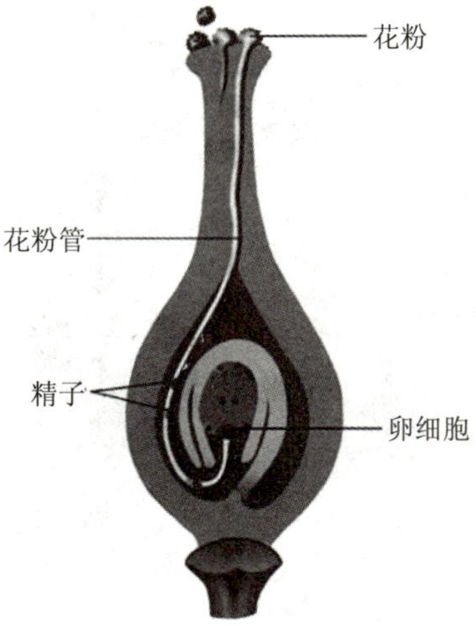

图 1-40　受精的过程

(六)果实和种子的形成

双受精完成以后,花的各部分都会发生显著的变化。花被和雄蕊首先凋谢,雌蕊的柱头和花柱随后萎缩、凋谢,只有子房继续生长发育,最终发育成果实(图 1-41)。

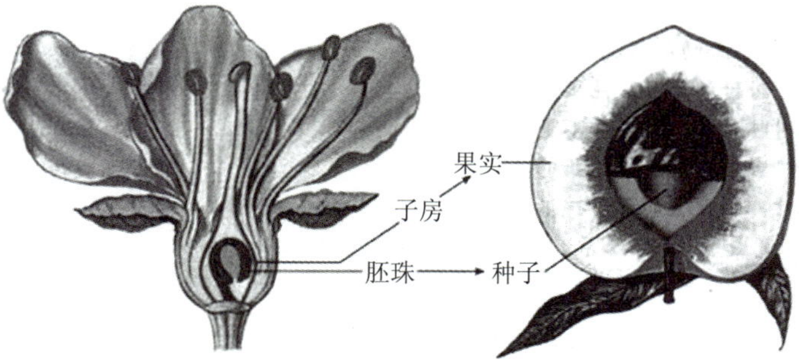

图 1-41　果实和种子的形成

这个过程也可归纳为下：

- 雌蕊
  - 柱头和花柱——凋落
  - 子房 → 果实
    - 子房壁——发育成果皮
    - 胚珠 → 种子
      - 珠被——发育成种皮
      - 受精卵——发育成胚
      - 受精极核——发育成胚乳

【应用与实践】

取一朵花，小心拨开花瓣，观察这朵花有几枚雄蕊？什么形状？有多长？记录你的观察结果。

【知识巩固】

一、填空题

1.雄蕊由________和________组成，雌蕊通常由__________、__________和__________三部分组成。

2.被子植物的种子是由__________发育而成的，其中，__________发育成种皮，__________发育成胚，__________发育成胚乳。

二、选择题

1.花的基本结构包括哪四部分(　　)。

A.花柄、花萼、花冠、花蕊　　B.花柄、花托、花萼、花蕊

C.花柄、花托、花冠、花蕊　　D.花柄、花托、花被、花蕊

2.下列哪一种花不是两性花(　　)。

A.小麦　　B.豌豆　　C.桃　　D.玉米

3.下列哪种植物是自花传粉(　　)。

A.玉米　　B.油菜　　C.小麦　　D.南瓜

4.下列哪种植物是异花传粉(　　)。

A.玉米　　B.大麦　　C.小麦　　D.豌豆

5.被子植物的双受精是指(　　)。

A.两个精子与两个卵细胞融合　　B.两个精子与一个卵细胞融合

C.一个精子与两个卵细胞融合　　D.两个精子分别与卵细胞和极核融合

五、果实

(一)果实的发育和结构

受精完成以后，叶制造的有机物源源不断地输送到子房，于是整个子房迅速生长，最终发育成果实。有些植物的果实，就是单纯由子房发育而成的，这类果实称为真果，如水稻、小麦、玉米、棉花、花生、柑橘、桃等。也有些植物的果实，除子房以外，花托或花被等部分也参与了果实的形成，这类果实称为假果，如梨、苹果、瓜类等。

虽然果实的形态多种多样,但它们的基本结构是相同的,都是由果皮和种子组成。以桃的果实为例(图1-42),桃的果实的外表是一层带有绒毛的薄皮,叫作外果皮,保护着内部组织。外果皮的里面是肥厚多肉的部分是中果皮,是人们食用的主要部分。中果皮的里面是坚硬的核,核的硬壳是内果皮。内果皮的里面有一粒种子。

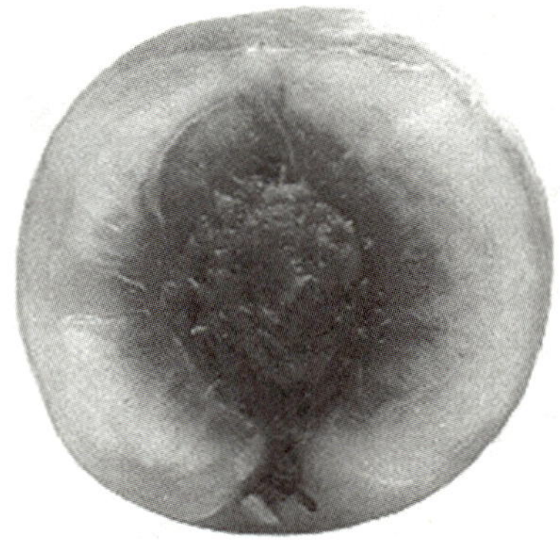

图1-42　桃的果实纵切面

(二)果实的种类

果实成熟以后,根据果皮的情况,可以分为两类:一类是果皮肥厚多汁的,叫作肉果;另一类是果皮干燥无汁的,叫作干果。

1.肉果

肉果又可以分为核果、浆果、梨果、柑果和瓠果等(图1-43)。

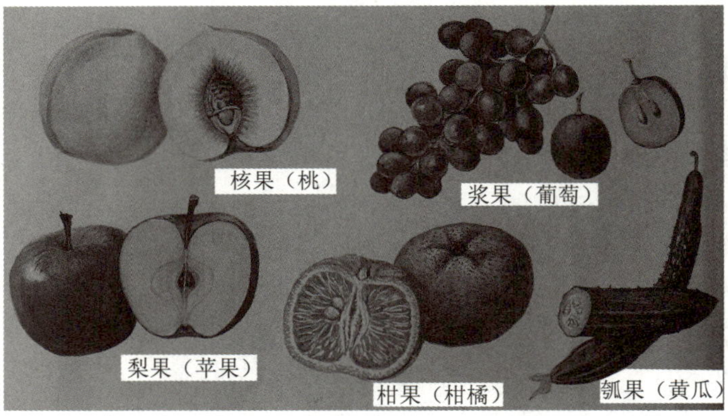

图1-43　肉果的类型

核果的内果皮坚硬,包在种子外面,构成果核。有的中果皮肉质,是主要的食用部分,如桃、梅、杏、李、枣等的果实。另外,胡桃、椰子的果实也是核果。

浆果的外果皮膜质,中果皮、内果皮都肉质化,充满汁液,内含种子,如茄子、番茄、葡萄、柿等的果实。

梨果由花托和子房愈合在一起发育而成。花托与外果皮、中果皮都变成肉质,内果皮革质或木质,如苹果、梨、山楂等的果实。

柑果的外果皮坚韧革质,中果皮疏松,有维管束分布其中,内果皮膜质,向内长有若干个肉质的果瓣,果瓣内充满了膨大多汁的表皮毛,如柑橘类。

瓠果也是由花托和子房共同发育而成,如南瓜、黄瓜、冬瓜等的果实。

2.干果

干果成熟以后,有的果皮开裂,叫作裂果;有的果皮不开裂,叫作闭果。裂果包括蓇葖果、荚果、角果和蒴果;闭果包括瘦果、颖果、坚果、翅果和双悬果(图1-44)。

图 1-44　干果的类型

蓇葖果成熟时只沿一条缝线裂开,如八角、花椒等的果实。荚果成熟时一般沿两条缝线裂开,果皮裂成两片,如大豆、豌豆等的果实。也有特殊的,虽不开裂,也属于荚果,如花生、槐树等的果实。角果成熟后,果皮也沿着两条缝线裂开,里面有种子着生在假隔膜上,如大白菜、萝卜、油菜等的长角果和荠菜的短角果。蒴果成熟后有多种开裂方式,如棉、紫堇、烟草、罂粟、牵牛等的果实。

瘦果小,成熟时只含一粒种子,果皮与种皮分离,如向日葵、白头翁等的果实。颖果也只含一粒种子,但果皮与种皮完全愈合,不能分离,常被误认为是种子,如小麦、玉米、水稻等的果实。坚果外果皮坚硬,内含一粒种子,如板栗、榛的果实。翅果呈瘦果状,但果皮向外延伸成翅,如臭椿、榆、槭的果实。双悬果成熟时形成两个分离而悬垂的分果,如胡萝卜、芹菜、小茴香等的果实。

(三)果实和种子的传播

成熟的果实和种子可以通过多种方式传播到广大的地区,从而扩大了后代的生存范围,有利于物种的繁荣。不同植物的果实和种子往往具备适应各自传播方式的特征。

借风力传播　适应风力传播的果实和种子大多数是小而轻的,而且常有翅或毛等附属物。如苦荬菜、蒲公英的果实有冠毛,棉、柳的种子外面有绒毛,榆树、槭树、白蜡树的果实有翅等,它们都能随风飘扬到远方。

借水力传播　水生植物和沼泽植物的果实或种子多借水力传播。如莲的果实即莲蓬,就是由疏松的海绵状通气组织所组成,适于在水面漂浮传播。生长在热带海边的椰子,其外果皮与内果皮坚实,可抵抗海水的侵蚀,中果皮为疏松的纤维状,能借海水漂浮传到远方。沟渠边的很多杂草,如苋、藜等的种子,散落水中,顺着水流到达各处潮湿的土壤上,萌发生长,这是杂草传播的一种方式。

借人类和动物的活动传播　这类植物的果实生有刺或钩,当人或动物经过时,可黏附在衣服或动物的皮毛上,被携带到其他地方。如鬼针草的果实有刺,苍耳的果实有钩等。另外,有些植物的果实和种子成熟后被鸟兽吞食,由于它们具有坚硬的种皮或果皮,可以不受消化液的侵蚀,种子随粪便排出体外,传到各地仍能萌发生长。如番茄的种子和稗草的果实等。

借果实弹力传播　有些植物的果实,其果皮各层细胞的含水量不同,成熟干燥后,收缩的程度也不相同,因此,果皮可发生裂开而将种子弹出。如大豆、绿豆、凤仙花等的果实。

【知识巩固】

一、选择题

1.番茄的果实是(　　)。

A.核果　　B.浆果　　C.瓠果　　D.梨果

2.我们平时吃花生，主要是吃果实中哪一部分(　　)。

A.中果皮　B.外果皮　C.种子　D.内果皮

3.苹果的果实是(　　)。

A.核果　B.浆果　C.瓠果　D.梨果

4.我们平时吃的枣，主要是吃果实中哪一部分(　　)。

A.中果皮　B.外果皮　C.种子　D.内果皮

5.蒲公英的果实有冠毛，它是借哪种方式传播的(　　)。

A.借水力传播　B.借风力传播

C.借人和动物的活动传播　D.借果皮的弹力传播

6.苍耳的果实有钩，它是借哪种方式传播的(　　)。

A.借水力传播　B.借风力传播

C.借人和动物的活动传播　D.借果皮的弹力传播

二、简答题

用表解的方式，归纳果实的各种类型。

六、种子

(一)种子的基本结构

种子由胚珠发育而成，是种子植物特有的生殖器官。种子的外部形态随植物种类不同而有很大差异，但它们具有基本相同的结构，即胚、胚乳和种皮三部分(图1-45、图1-46)。

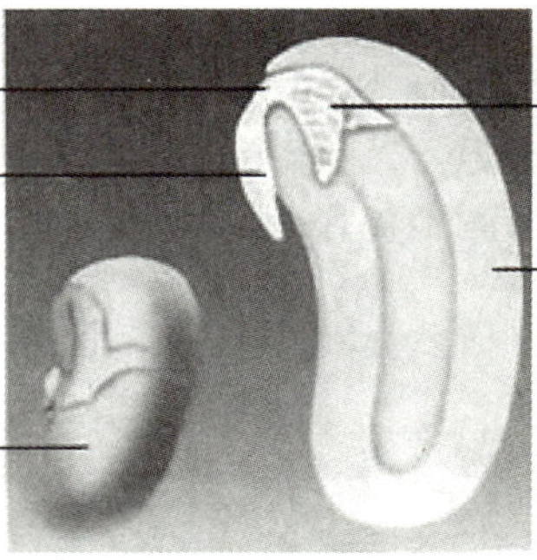

图1-45　菜豆种子

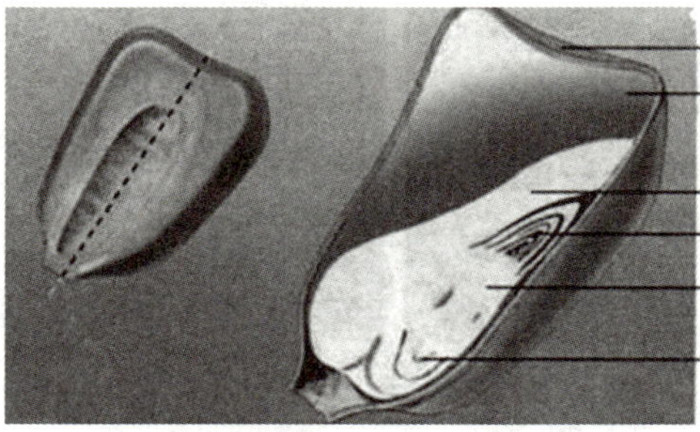

图1-46　玉米种子

胚是种子中最重要的部分，就是一个幼小的植物体，由胚芽、胚根、胚轴、子叶四部分组成。胚芽将来发育成茎和叶，胚根将来发育成根，胚轴是连接胚芽和胚根的部分，将来发育成连接根和茎的部位。双子叶植物有两片子叶，肥厚，贮藏着营养物质。单子叶植物有一片子叶，不肥厚。种子萌发的时候，它将胚乳里的营养物质转运给胚芽、胚轴、胚根。

胚乳是种子内贮藏主要营养物质(淀粉、脂肪和蛋白质)的组织。种子萌发时，其营养物质被胚消化、吸收和利用。有些植物的胚乳在种子发育过程中，已被胚吸收、利用，所以这类种子在成熟后无胚乳。

种皮包被在胚及胚乳的外面，起保护作用，通常很坚韧，其上有种脐、种孔等结构。

(二)种子的主要类型

根据胚乳的有无，把种子分为有胚乳种子和无胚乳种子两类。有胚乳种子由种皮、胚和胚乳组成，如双子叶植物蓖麻、烟草、番茄的种子和单子叶植物水稻、玉米、小麦、高粱的种子；无胚乳种子由种皮和胚两部分组成，子叶肥厚，贮藏大量营养物质，代替了胚乳的功能，如双子叶植物菜豆、豌豆、花生、棉的种子和单子叶植物慈姑的种子。

(三)种子的萌发

发育成熟的种子，在适宜的环境条件下开始萌发(图1-47)。经过一系列生长过程，种子的胚根首先突破种皮,向下生长,形成主根。与此同时,胚轴也相应生长和伸长,把胚芽或胚芽连同子叶一起推出土面,胚芽伸出土面,形成茎和叶。子叶随胚芽一起伸出土面,展开后转为绿色,进行光合作用,如棉花、油菜等。待胚芽的幼叶张开进行光合作用后,子叶也就枯萎脱落。至此,一株能独立生活的幼小植物体也就全部长成,这就是幼苗。

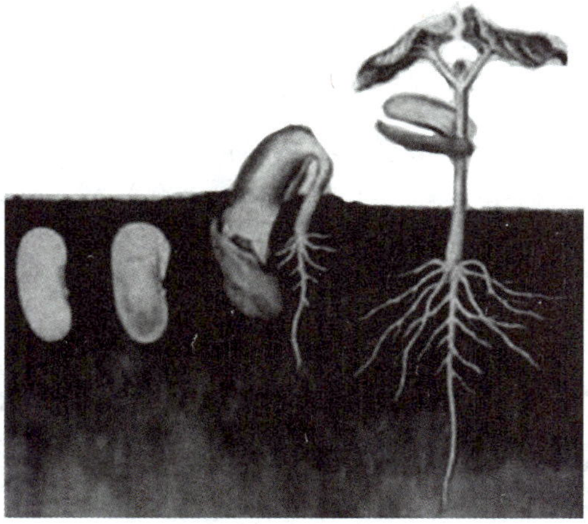

图 1-47　种子的萌发

【知识巩固】

一、选择题

1.种子萌发时,一般最先长出的是(　　)。

A.茎　　B.叶　　C.根　　D.芽

2.菜豆种子萌发形成幼苗的过程的正确顺序是(　　)。

①胚轴伸长,子叶出土　②胚根伸长,突破种皮,发育成根　③子叶枯萎,幼苗独立生活　④种子吸水,营养物质运输到胚　⑤胚芽发育成茎和叶

A.④②⑤①③　　B.④①②⑤③

C.④②⑤③①　　D.④②①⑤③

二、简答题

请说出种子结构的三个主要部分,并描述各部分在长成新植株的过程中所起的作用。

第三节　植物的分类*

一、植物分类的方法

我们通常使用的植物分类方法是自然分类法。自然分类法是以植物的形态结构作为分类依据,以植物的亲疏程度作为分类标准的分类方法。判断植物之间的亲疏程度,是根据植物之间相同点的多少。例如小麦、水稻和大豆做比较,小麦和水稻在形态结构等方面的相同点比较多,于是就认为它们的亲缘关系较近,相比较而言,小麦和大豆的相同点比较少,于是就认为它们的亲缘关系较远。随着科学的发展,自然分类法也得到了生理学、生物化学、遗传学和古生物学等学科的密切配合,使自然分类法更加完善。

二、植物分类的单位

为了便于分类,植物学家根据植物之间的相同程度,把它们分成大小不同的若干类群,并且用等级的方式来表示,给它们一定的名称,这就是分类上的各级单位,由大到小依次是门、纲、目、科、属、种(表 1-1)。

表 1-1　水稻在分类上的隶属关系

门	被子植物门(Angiospermae)
纲	单子叶植物纲(Momocotyledoneae)
亚纲	颖花亚纲(Glumiflorae)
目	禾本目(Graminales)
科	禾本科(Gramineae)
属	稻属(Oryza)
种	稻(*Oryza sativa* L.)

种又叫物种,是分类学上的基本单位,也是各级单位的起点。同种植物个体具有一定的形态特点和生理特性,以及一定的自然分布区域,因此亲缘关系最密切。分类单位越小,其中所包括的植物的共同特征就越多,亲缘关系就越近。

三、植物的命名法

一种植物,在不同的国家有不同的名称,就是在一国之内,各地的名称也不相同。因而就有了同名异物或同物异名的混乱现象,造成识别植物、利用植物、交流经验等方面的障碍。为了避免这种混乱现象,有一个国际上统一的名称是十分必要的。

瑞典的博物学家林奈(Carolus Linnaeus)于 1753 年提出了双名法:用两个拉丁词作为一种植物的名称,第一个是属名(名词),第二个为种加词(形容词),后边再加上命名人的姓氏或姓氏缩写(命名人的姓氏或姓氏缩写的第一个字母要大写)。这是国际上统一的名称,称为学名。这种命名的方法,叫作双名法。如稻:*Oryza sativa* L.第一个词是属名,是稻的古希腊名,是名词;第二个词是种加词,是栽培的意思,是形容词;最后大写的“L”,是命名人林奈(Linnaeus)的缩写。

【知识巩固】

一、选择题

A、B、C 三种植物,A 与 B 之间同目不同科,A 与 C 之间同科不同属,那么,哪两种植物亲缘关系最近(　　)。

A.B 与 C　　B.A 与 B　　C.A 与 C　　D.前三种答案都不对

二、简答题

1.请你说出什么是自然分类法。

2.植物形态结构之间相同点的多少,与亲缘关系的远近有什么关系?

3.你能说出双名法是怎样给植物命名的吗。

四、被子植物的分科举例

(一)杨柳科

【探索活动】

观察毛白杨和垂柳的花和果实,比较它们在形态结构上有什么相同之处。

杨柳科植物有 600 多种,我国有 300 多种。杨柳科中有许多种是植树造林和庭园绿化的重要树种。

毛白杨、垂柳、小叶杨、旱柳等也都属于杨柳科植物,它们生有柔荑花序,雌雄花都是无被花,果实是蒴果,种子小,基部有长毛。

(二)豆科

【探索活动】

观察大豆和槐树的花和果实,比较它们在形态和组成上有什么相同之处。

豆科植物有 1.3 万多种,我国有 1300 多种,其中既有人们熟悉的蔬菜,又有重要的油料作物。

豆科植物是一种常见的乔木，小叶 9～15 个，花白色，蝶形花冠，雄蕊 10 枚，荚果一般不裂开。

大豆、菜豆、绿豆、豇豆、紫藤等也都属于豆科植物，它们大都生有蝶形花冠，雄蕊 10 枚，果实是荚果。

（三）菊科

【探索活动】

观察向日葵和菊花的头状花序和花序上面的花。比较它们的花在形态和组成上有什么相同之处。

菊科是被子植物中种类最多的一个科，约有 3 万种，我国有两千多种。这科植物中包括许多种经济植物、观赏植物和药用植物。

向日葵、菊花、蒲公英、雏菊、茼蒿、瓜叶菊等都属于菊科，它们中的大多数是草本植物，一般都有头状花序，花序下部有总苞；管状花内雄蕊 5 枚，雌蕊 1 枚；果实是瘦果。

（四）十字花科

【探索活动】

观察白菜、萝卜的花和果实，比较它们的形态和组成有什么相同之处。

十字花科的植物都是草本植物，有一年生的，也有多年生的。这科植物中包括许多种蔬菜，其中的白菜、萝卜是常见的种类。

图 1-48　**大白菜**

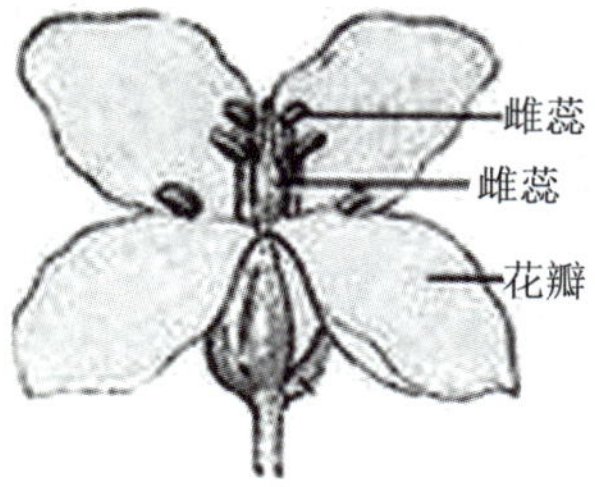

白菜花

图 1-49　**白菜的花**

大白菜、萝卜、卷心菜、荠菜、雪里蕻、榨菜等也都属于十字花科，它们的花冠都是十字形花冠，雄蕊是四强雄蕊，雌蕊 1 枚，果实是角果。

（五）蔷薇科

【探索活动】

观察月季的花和苹果的花，比较它们的形态和组成上有什么异同。

蔷薇科植物有 3300 多种，我国有 1000 多种，其中有果树，也有观赏植物。

月季、苹果、玫瑰、蔷薇、梨、梅、草莓、杏等也都属于蔷薇科。它们的花通常是花萼 5 裂或 5 枚，花瓣常是 5 枚，雄蕊多枚，雌蕊 1 枚或多枚，花萼、花瓣和雄蕊都着生在花托的边缘。

（六）禾本科

禾本科植物有 1 万多种，我国有 1200 多种，大都是草本植物，多数是一年生的，也有多年生的。这科植物包括许多重要的粮食作物。

小麦、玉米、稻、粟（小米）、高粱等都属于禾本科。它们的花外面有外稃 1 片，内稃 1 片；雄蕊 3 或 6 枚，雌蕊1 枚；果实是颖果。

【知识巩固】

一、选择题

1.有种植物生有蝶形花冠，雄蕊 10 枚，果实是荚果，那么，它最有可能是哪科植物（　　）。

A.杨柳科　　B.菊科　　C.豆科　　D.禾本科

2.下列不属于十字花科植物的是(　　)。

A.大白菜　　B.萝卜　　C.卷心菜　　D.茼蒿

二、简答题

1.以当地的两种杨柳科植物为例,分析它们在花和果实方面有哪些共同特点。

2.你认识菊花和大丽菊(又名大理花、西番莲)吗?它们是否属于菊科?

3.观察几种蔷薇科植物,说说它们的花萼、花瓣和雄蕊在着生位置上有什么特点。

4.你认识小米(粟)和高粱吗?它们是否属于禾本科,为什么?

第四节　植物的应激性*

幼儿园大班科学活动“别碰我”:

把一盆含羞草放到班上自然角,让小朋友们观察。让一个小朋友轻轻地触摸它的叶片,观察它的变化。发现含羞草的小叶都合拢起来。老师说:“看来,含羞草身体有些弱,不愿意让我们去碰它,它把小叶合拢起来就是要保护自己呀!”

【探索活动】

将一盆盆栽的植物幼苗(如玉米)放在室内靠近窗口的地方,观察5天中植物幼苗生长的情况,记录你的观察结果,并思考,为什么会发生这样的变化?

植物和动物一样也能对外界刺激做出反应,这就是植物的应激性。植物体在感受到刺激后,它们的某些器官在空间可以发生位置或方向上的移动,这就是植物的运动,是植物应激性的表现形式。其中最常见的是向性运动和感性运动两种类型。

一、向性运动

向性运动是植物体受单向环境因素的刺激所引起的定向运动,它的运动方向随刺激的方向而定。如果植物向着刺激方向生长,则表明是正向性运动,如植物的向光性、根的正向重力性;反之,则为负向性运动,如植物茎的负向重力性。(图1-50、图1-51)

图1-50　植物的向光性运动

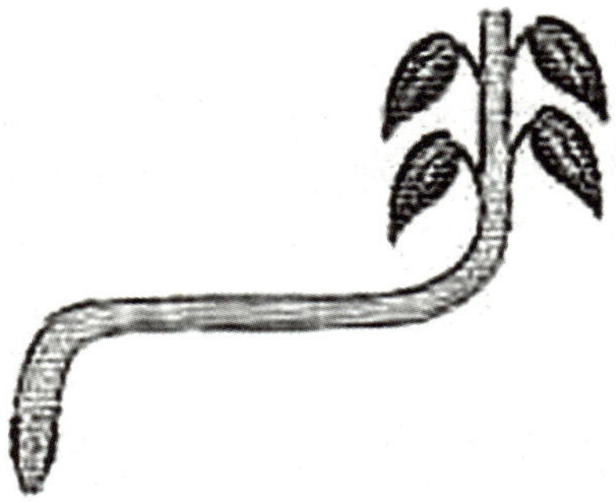

图1-51　植物的向重力性运动

二、感性运动

感性运动是植物体受到环境因素强度改变的刺激(如光线明暗、温度高低和震动强弱等)而引起的运动,包括感夜性运动和感震性运动等。例如,合欢、酢浆草的叶片在受到光线明暗的刺激后张开或闭合,就是感夜性运动。而含羞草在受到外界刺激后叶片闭合,就是感震性运动(图1-52)。向性运动和感性运动是植物对外界环境的适应性。

图 1-52 含羞草的感震性运动

【知识巩固】

一、选择题

1.小麦倒伏以后茎通过生长而逐渐直立起来,这是什么原因(　　)。

A.向光性运动　　B.向重力性运动　　C.感夜性运动　　D.感震性运动

2.当植物的根扎入泥土时,根表现出的向性运动属于(　　)。

A.负向重力性运动　　B.正向重力性运动

C.正向光性运动　　D.负向光性运动

二、简答题

将植物放在一侧有阳光的地方,几天后,你会发现植物的茎和叶都向着阳光生长。请解释这种现象。

第二章

细菌、真菌、病毒*

微生物广泛分布于自然界中，无论是高山平原、江河湖海、动植物体内外，乃至一般生物无法生存的臭氧层、海洋底和岩芯中，都有微生物存在。

第一节　细　菌

【探索活动】

假设一个细菌每15分钟分裂一次，一天后，数量是多少？

一、细菌的形态结构特点

细菌个体十分微小，从形态上看，大致可分成三类：球菌、杆菌和螺旋菌（图2-1~图2-3）。

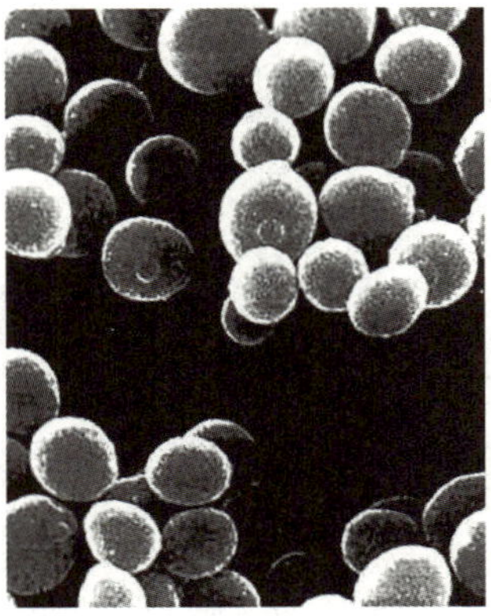

图2-1　球菌

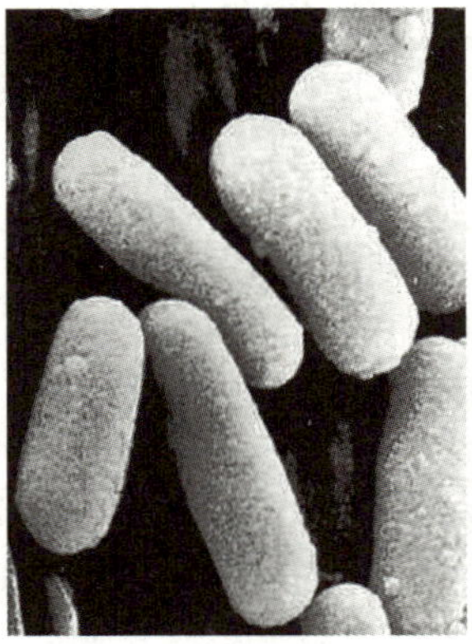

图2-2　杆菌

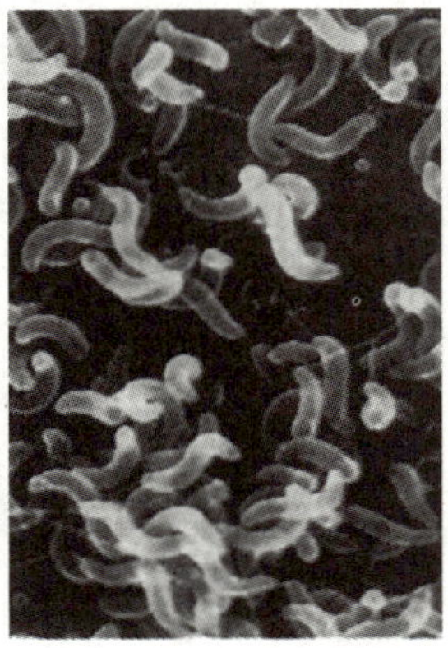

图2-3　螺旋菌

细菌是单细胞个体，没有成形的细胞核。有些细菌在一定的条件下，细胞里形成一个椭圆形的休眠体，叫作芽孢。芽孢对干旱、低温、高温等恶劣的环境有很强的抵抗力。当环境适宜的时候，芽孢又可以萌发，形成一个细菌（图2-4）。

二、细菌的生殖方式和营养方式

细菌的生殖方式是分裂生殖（图2-5）。在环境适宜的时候，经过20~30分钟细菌就能分裂一次。

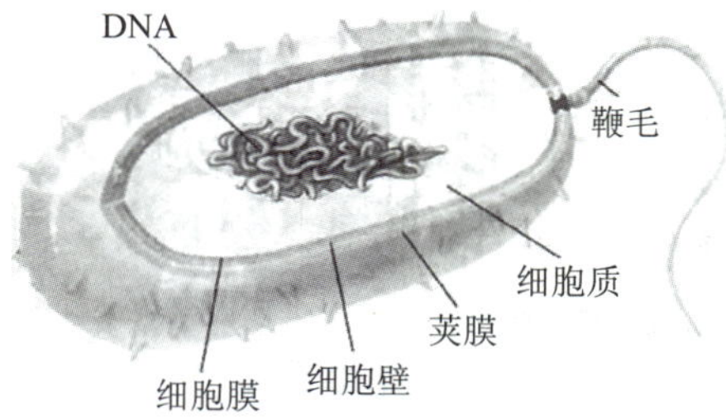

图 2-4　细菌结构示意图

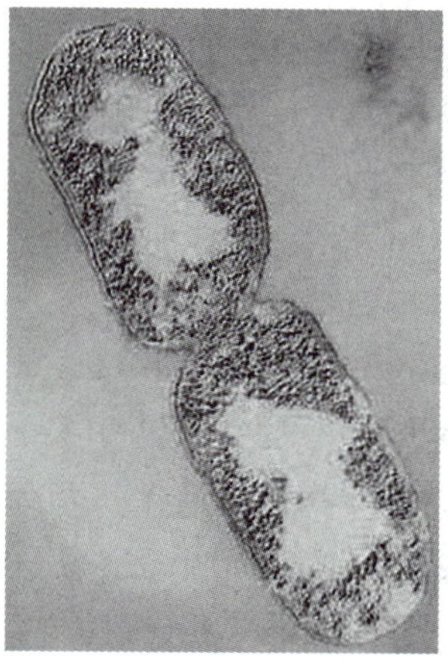

图 2-5　细菌的分裂生殖

细菌一般不含叶绿素，只能吸收现成的有机物来维持生活，这样的营养方式叫作异养。异养的细菌主要分腐生和寄生两种情况。

腐生：有些细菌依靠分解动植物的遗体，从中吸取有机物来生活。例如枯草杆菌，它可以引起食物的腐败。

寄生：有些细菌从活的动植物体内吸取有机物来生活。例如寄生在肠道内的痢疾杆菌，它能够引起细菌性痢疾。

三、细菌与人类的关系

大多数种类的细菌对人类是有益的，例如，制醋离不开醋酸杆菌，制泡菜、酸牛奶离不开乳酸菌，制味精离不开棒状杆菌，制甲烷离不开甲烷细菌。另外，没有根瘤菌，豆科植物就生长不好。

少数种类的细菌对人类有害。有的细菌能够使食物腐败变馊，有的细菌能够引起传染性疾病，这样的细菌叫作病原菌。例如，结核杆菌可以使人和家畜患结核病，软腐病细菌可以使许多种蔬菜腐烂。为此，我们要讲究卫生，注意防止病原菌侵染人体、家畜和农作物（图 2-6）。

图 2-6　细菌在物质循环中的作用示意图

【知识巩固】

一、选择题

1.冰箱里的食物不容易腐烂变质，你认为是什么因素限制了细菌的繁殖(　　)。

A.见不到阳光　　B.过于潮湿　　C.温度低　　D.空气不流通

2.芽孢的作用是(　　)。

A.繁殖后代　　B.生殖方式

C.通过休眠度过恶劣环境　　D.贮藏养料

3.细菌在细胞结构上区别于植物细胞的特点主要是(　　)。

①有细胞壁　②没有叶绿体　③没有成形的细胞核　④有鞭毛

A.①②　　B.②④　　C.②③　　D.③④

4.细菌通常的生殖方式是(　　)。

A.分裂生殖　　B.形成芽孢　　C.断裂生殖　　D.营养生殖

5.下列有关细菌的形态叙述不正确的是(　　)。

A.卵形　　B.杆形　　C.球形　　D.螺旋形

6.关于细菌的叙述中，正确的是(　　)。

A.用低倍显微镜可以观察到染色的细菌

B.细菌细胞里也含有染色体

C.每个细菌都是独立生活的

D.一个细菌也是一个细胞，所以也有完整的细胞壁、细胞膜、细胞质和细胞核

7.如果下列语句叙述正确，请在“(　　)”里写 T；如果错误，请在“(　　)”里写 F。

①细菌与藻类植物一样，它们的营养方式都属于自养。(　　)

②形成芽孢也是细菌生殖后代的一种方式。(　　)

③所有的细菌都有鞭毛。(　　)

④细菌不属于植物也不属于动物。(　　)

⑤细菌没有真正的细胞核，可是有 DNA。(　　)

二、简答题

1.夏天，食物为什么容易腐败？而放在冷凉的地方(如冰箱里)为什么可以保存较久？

2.为什么罐头食品、腌肉、腊肉在很长时间内都不会腐败变质？

3.把鱼的内脏埋进土里，过一段时间，翻开泥土，发现内脏不见了。这是怎么回事？这种现象对自然界有什么意义？

第二节　真　菌

一、霉菌

【探索活动】

用放大镜和显微镜观察青霉，认识青霉。

梅雨季节，人们常常会发现，衣服上“长”出了黄色、绿色或其他颜色的绒毛样斑点，这就是霉斑。霉菌是分布广泛的真菌，较常见的霉菌是青霉和曲霉。

1.青霉和曲霉的结构

青霉和曲霉的菌体是由许多菌丝组成的。有些菌丝在营养物质的表面并向上生长，叫作直立菌丝；有些菌丝蔓延到营养物质的内部，叫作营养菌丝。由于菌丝上有横隔，所以青霉和曲霉是多细胞个体。

2.青霉和曲霉的营养方式和生殖方式

营养方式：腐生，霉菌的结构中无叶绿体，靠分解现成的有机物维持生活。

生殖方式：孢子生殖。

3.青霉和曲霉的主要区别

青霉直立菌丝顶端呈扫帚状，孢子成熟后呈青色；曲霉直立菌丝顶端呈球状，球状结构表面生有放射状成串孢子，孢子成熟后因曲霉种类不同而呈黄、黑、橙红色。

二者的主要区别见图2-7。

图2-7　青霉和曲霉的模式

二、酵母菌

1.酵母菌的形态结构

酵母菌是无色、卵形的单细胞个体，具有成形的细胞核（图2-8）。

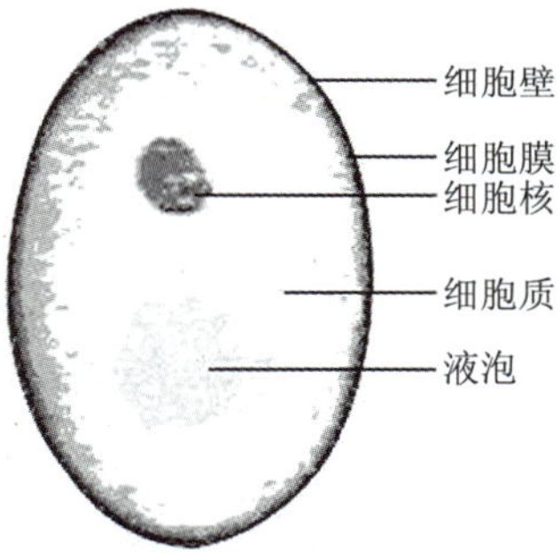

图2-8　显微镜下的酵母菌的形态结构

2.酵母菌的营养方式

（1）酵母菌细胞内不含叶绿体，靠分解现成的有机物维持生活，营腐生生活。

（2）酵母菌获取能量的方式：在有氧存在时，酵母菌能把葡萄糖彻底分解成二氧化碳和水，释放出大量能量；没有氧的情况下，酵母菌对葡萄糖的分解不彻底，产物是酒精和二氧化碳，同时释放出少量能量。总之酵母菌在有氧和无氧的条件下都能生活。

3.酵母菌的生殖方式（图2-9）

出芽生殖：在环境条件适宜时，成熟的酵母菌细胞，向外生出的突起，叫作芽体。芽体逐渐长大，最后与母体脱离，成为一个新的酵母菌。

孢子生殖：酵母菌发育到一定阶段时，一个酵母菌的细胞里会产生几个孢子（通常是四个）。每个孢子最终发育成一个新个体。

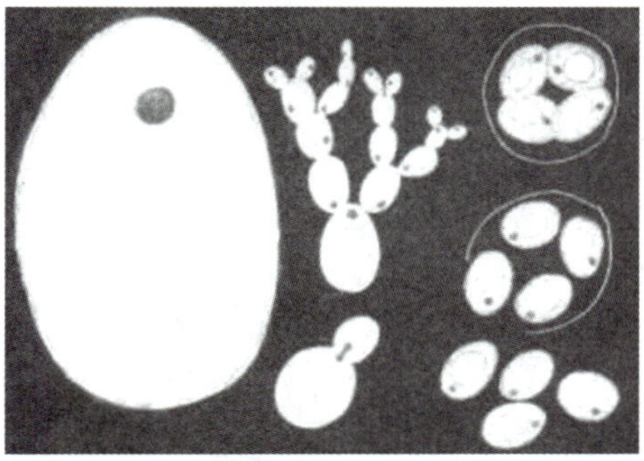

图2-9　酵母菌的出芽生殖和孢子生殖

三、蘑菇

1.蘑菇的结构

蘑菇是一类个体比较大的真菌(图 2-10)。

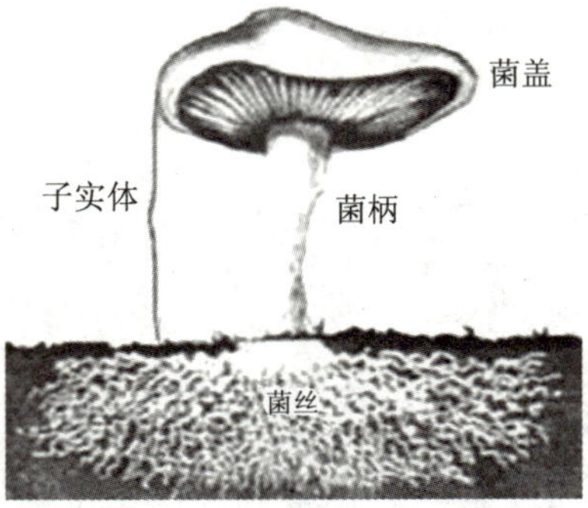

图 2-10　蘑菇的形态结构

2.蘑菇的营养方式

腐生,依靠地下部分菌丝吸收土壤中的水分和有机物。

3.蘑菇的生殖方式

孢子生殖。蘑菇菌盖下面的菌褶(图 2-11)表面生有许多孢子,孢子成熟后落到条件适宜的地方,就萌发长出菌丝,进而从菌丝上生出子实体。

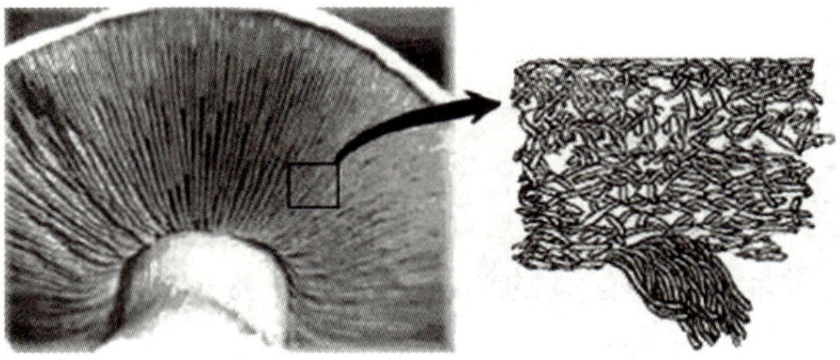

图 2-11　菌褶及其切片

4.蘑菇的分类

食用蘑菇:香菇、金针菇、双孢菇、大白口菇等。

药用蘑菇:冬虫夏草、灵芝等。

毒蘑菇:毒蝇鹅膏菌、美丽粘草菇等。

四、真菌的主要特征

细胞内有真正的细胞核;孢子生殖;营养方式是异养。

【知识巩固】

一、填空题

1.青霉和曲霉的菌丝中,生长在营养物质表面的叫作____________,蔓延到营养物质内部的叫作____________。

2.青霉和曲霉与酵母菌一样,细胞中都有成形的____________,进行____________生活。

3.青霉和蘑菇在形态上有很大差异,但它们都属于真菌,这是因为,它们细胞内都具有________、________、________、________,它们区别于绿色植物之处在于其细胞内没有________,

不能进行____________作用。

二、选择题

1.在下列生物中，不属于真菌的是（　　）。

A.酵母菌　　B.细菌　　C.青霉　　D.蘑菇

2.下列哪项不是霉菌的特征（　　）。

A.单细胞丝状体　　B.多细胞的丝状体

C.菌丝有分枝　　D.孢子长在直立菌丝顶端

3.下列哪一项不是酵母菌和青霉的共同特征（　　）。

A.都具有真正的细胞核　　B.细胞内含有色素，身体有颜色

C.只能利用现成的有机物生活　　D.不含有叶绿素

4.用放大镜观察青霉，青绿色的部分是（　　）。

A.叶子　　B.菌丝　　C.种子　　D.孢子

5.下列各组生物，都属于真菌的一组是（　　）。

A.大肠杆菌、银耳、猴头　　B.酵母菌、灵芝、黄曲霉

C.青霉菌、口蘑、紫菜　　D.香菇、根霉菌、乳酸菌

6.下列关于蘑菇特点的叙述中，正确的是（　　）。

A.蘑菇属于生产者　　B.蘑菇也是由菌丝集合而成的

C.菌丝可以萌发成孢子　　D.蘑菇在环境恶劣的时候会形成芽孢

7.下面可以生活在无氧条件下的生物是（　　）。

A.霉菌　　B.木耳　　C.口蘑　　D.酵母菌

三、简答题

1.阴雨季节，为什么食物和衣物常常会发霉？

2.为什么蒸熟的馒头里面有很多的小孔洞？

第三节　病　毒

一、病毒的大小、形态和结构

（1）病毒个体十分微小，多数病毒在10~300纳米（百万分之一毫米），所以病毒只能用电子显微镜才能看见。

（2）形态多样。如图2-12所示。

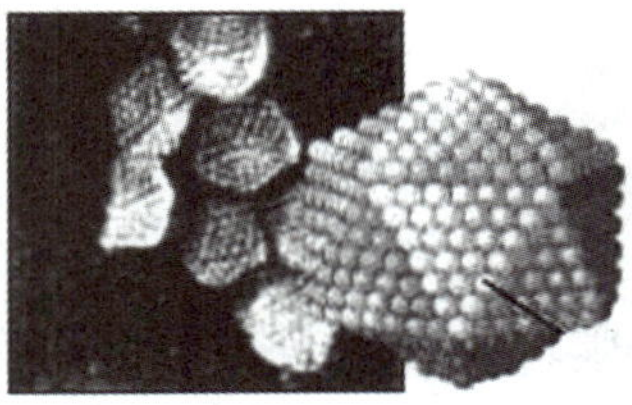
球形

杆形

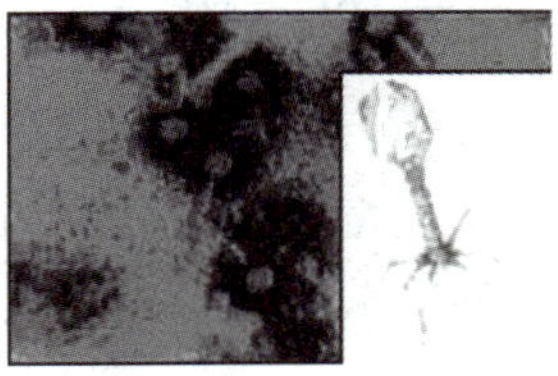
蝌蚪形

图2-12　病毒的形态

（3）病毒的结构。病毒无细胞结构，只有蛋白质组成的衣壳和由核酸组成的核心（图2-13）。

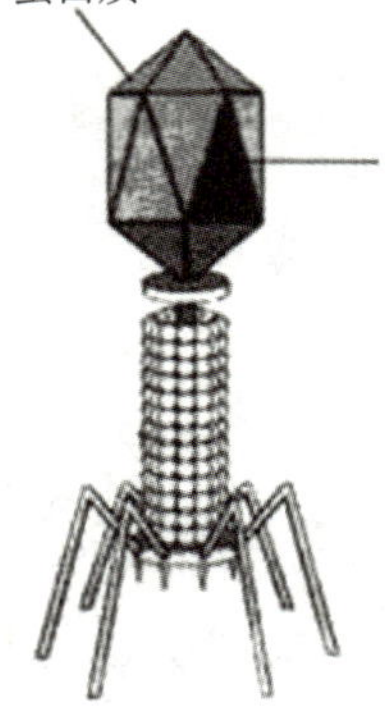

图 2-13　病毒的结构

二、病毒的生命活动特点

(1)病毒通过接触、空气、水和蚊虫叮咬等途径进行传播。

(2)营养方式:寄生。寄生在其他生物的细胞里。

(3)繁殖方式:病毒在寄主细胞中增殖(图 2-14)。

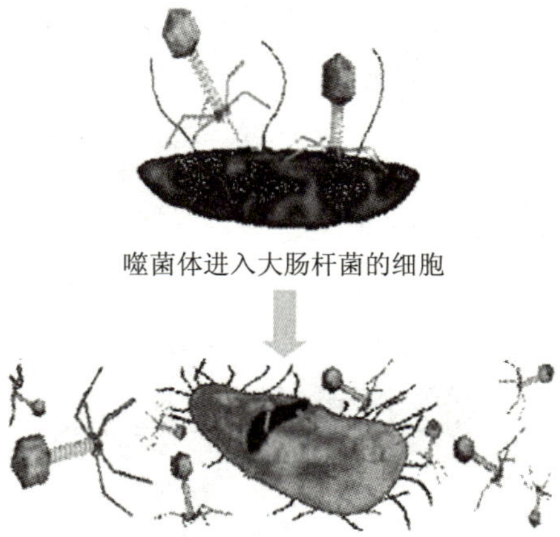

图 2-14　噬菌体的增殖

三、病毒的类型

植物病毒、动物病毒、细菌病毒(噬菌体)。

四、病毒的害处

(1)部分病毒危害人类的身体健康,如最常见的感冒病毒、乙肝病毒、艾滋病病毒(HIV)等。

(2)许多病毒会危害人类的经济作物、家禽家畜等。

(3)一些细菌病毒会破坏人类使用微生物进行生产的产业,如味精业。

【知识巩固】

一、选择题

1.下列生物中不具有细胞结构的是(　　)。

A.细菌　　B.水螅　　C.烟草花叶病毒　　D.蚯蚓

2.下列生物属于病毒的是(　　)。

A.痢疾杆菌　　B.结核杆菌　　C.痢疾杆菌噬菌体　　D.大肠杆菌

3.下列生物的营养方式属于寄生的是(　　)。

A.噬菌体和痢疾杆菌　　B.流感病毒和醋酸杆菌

C.酵母菌和烟草花叶病毒　　D.大肠杆菌和青霉

4.下列叙述中不属于病毒特点的是(　　)。

A.个体微小,要用电子显微镜才能观察到　B.没有细胞结构

C.在寄主细胞里进行繁殖　　D.可以独立生活

5.下列哪一项不是人类利用病毒为人类服务的实例(　　)。

A.无脊椎动物病毒制成杀虫剂

B.给高烧病人注射青霉素

C.用噬菌体治疗烧伤病人的化脓性感染

D.给健康人注射流行性乙型脑炎疫苗

二、简答题

1.病毒的形态结构和生命活动有哪些特点?

2.用你的切身体会来谈一谈病毒与人类的关系。

第三章
动　物

动物是多种多样的,目前已知的大约有 150 万种。这些动物可以分为两大类:一类是脊椎动物,它们的体内有脊柱;另一类是无脊椎动物,它们的体内没有脊柱。

第一节　无脊椎动物*

一、原生动物

原生动物是最低等的单细胞动物,大多数种类生活在有水的环境中,少数种类寄生。原生动物有 3 万多种,常见种类有:

1.草履虫(图 3-1)

草履虫生活在有机质丰富的池塘或水沟中,能够对外界刺激做出反应,趋向有利刺激,逃避有害刺激,这就是草履虫的应激性。草履虫进行分裂生殖。

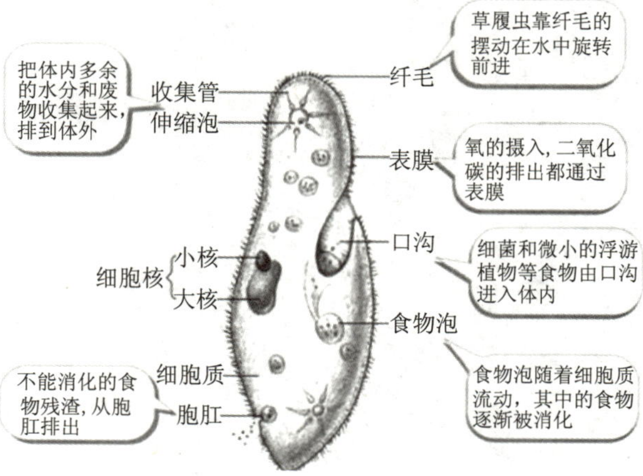

图 3-1　草履虫的结构示意图

2.变形虫(图 3-2)

变形虫利用伪足运动和摄食。

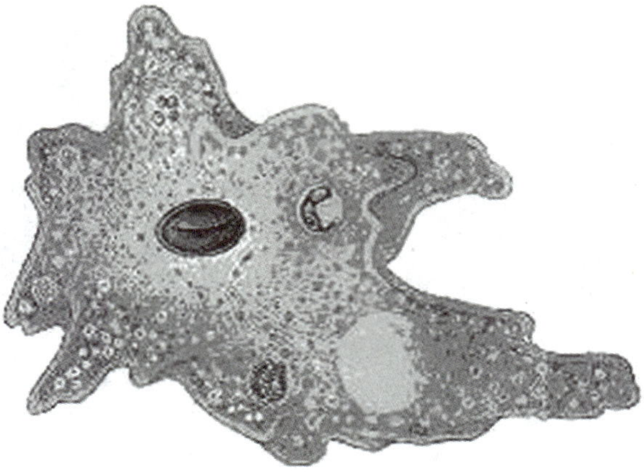

图 3-2　变形虫

3.疟原虫

疟原虫寄生于人的肝脏细胞和红细胞里，使人患疟疾，依靠按蚊传播。

4.原生动物的主要特征

原生动物身体微小，结构简单，整个身体由一个细胞构成。

二、腔肠动物

腔肠动物是比较低等的多细胞动物，有 9000 多种，大多生活在海洋里，少数生活在淡水中。如珊瑚、海葵、海蜇、水螅等（图 3-3~图 3-6）。

图 3-3　珊瑚

图 3-4　海葵

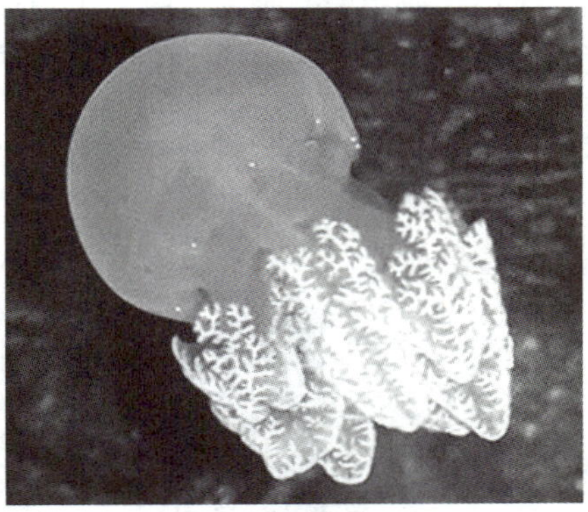

图 3-5　海蜇

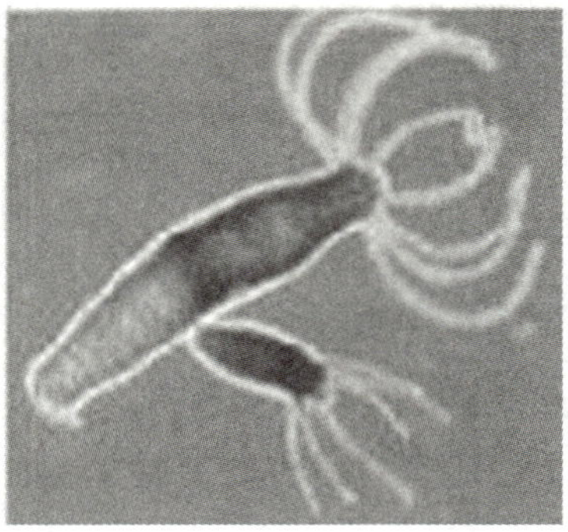

图 3-6　水螅

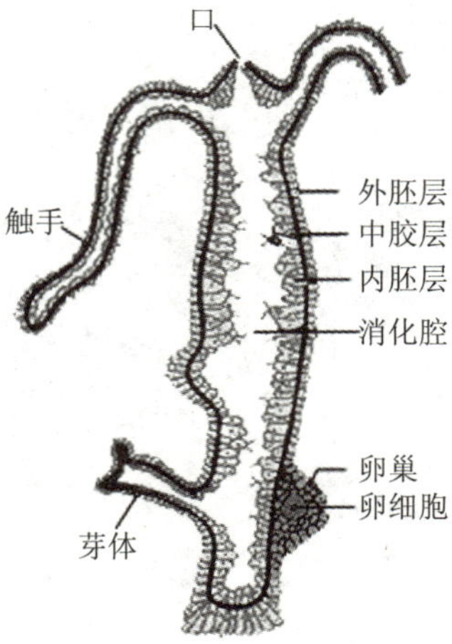

图 3-7　水螅的纵切图

在水螅的外胚层中有刺细胞,特别在口和触手处分布较多。当活水蚤碰到刺细胞时,刺细胞会射出刺丝,把毒素注入水蚤体内将它麻醉,然后用触手把水蚤捉住送到口中,再吞入消化腔,在消化腔内进行细胞外消化,内胚层的一些细胞能把食物微粒包进细胞里,进行细胞内消化。不能消化的食物残渣,仍然由口排出体外。

腔肠动物的主要特征:生活在水中;身体辐射对称;体壁由内外胚层和中胶层构成;体内有消化腔,有口无肛门。

【知识巩固】

一、填空题

1.草履虫的生殖方式是________。

2.变形虫用________运动,用________摄食。

3.水螅遇到水蚤时会使用________捕捉它。水螅的消化方式有________和________。

二、简答题

1.为什么单细胞动物草履虫能够完成一切生理功能?

2.为什么说水螅、海蜇和珊瑚都是腔肠动物?

三、扁形动物

扁形动物有 1 万多种,绝大多数种类营自由生活,如涡虫;有的营寄生生活,如猪肉绦虫。

1.涡虫

涡虫生活在无污染的溪流石块下,以小型水生动物和动物的尸体为食。涡虫身体呈柳叶状,耳突有味觉和嗅觉作用,眼点能感光。身体腹面的表皮上密生纤毛,靠纤毛的摆动及体表的黏液,可做滑行运动。

图 3-8　涡虫形态及生活环境

2.猪肉绦虫

你们见过“米猪肉”吗(图 3-9)?

这些米粒大小、晶莹透亮的是猪肉绦虫的幼虫(图 3-10),假如人误食了没有煮熟的“米猪肉”,幼虫就会在人的小肠内逐渐发育成为 2~4 米长的白色带状的成虫(图 3-11)。

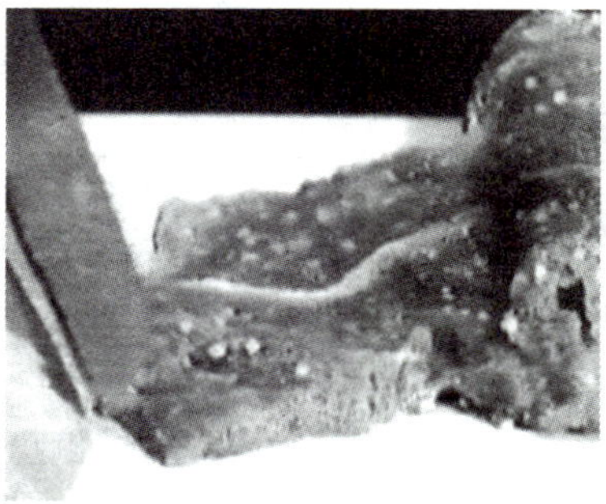

图 3-9　米猪肉

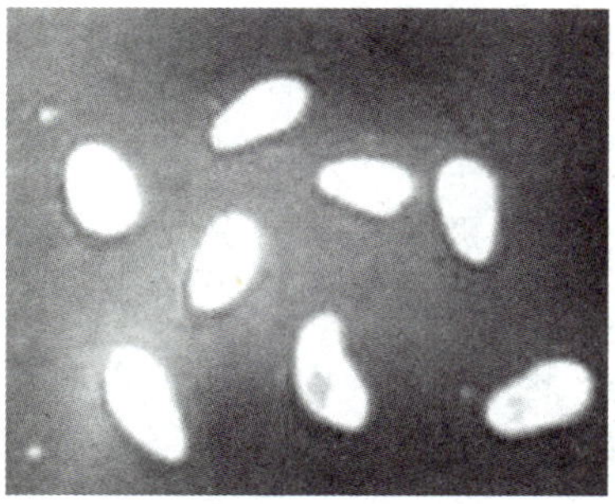

图 3-10　猪肉绦虫的幼虫

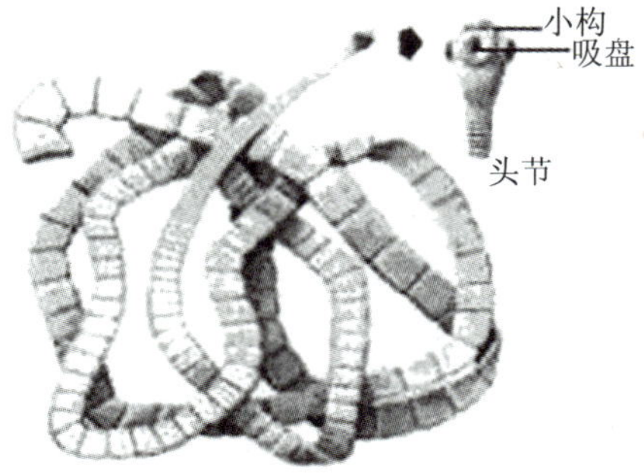

图 3-11　猪肉绦虫成虫

成虫即猪肉绦虫,营寄生生活,成虫寄生在人体小肠内,幼虫寄生在猪的肌肉等部位。因此在猪肉绦虫的生活史中有两个寄主:猪是幼虫的寄主,叫中间寄主;人是成虫的寄主,叫终寄主。猪肉绦虫的生活史如图 3-12 所示。

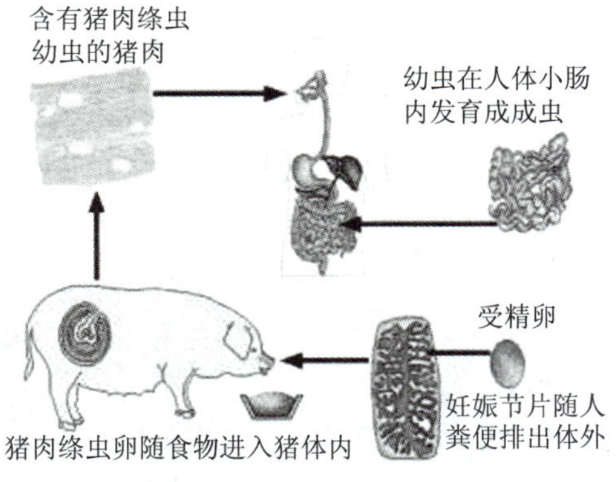

图 3-12　猪肉绦虫生活史

猪肉绦虫在人体小肠内吸食已经消化的养料,会使人发生营养不良、贫血和腹痛等症状。人若不慎吃了含有猪肉绦虫卵的食物,绦虫的幼虫会寄生在人的肌肉中,引起肌肉酸痛或麻木;寄生在人眼中,会引起视力障碍甚至失明;寄生在人脑里,会引起抽风、癫痫等,严重影响人体的健康。预防猪肉绦虫病的方法是:搞好饮食卫生,不吃“米猪肉”等。

3.扁形动物的主要特征

扁形动物身体左右对称;背腹扁平;有口无肛门。

四、线形动物

线形动物有 9000 多种,大多营寄生生活。

1.蛔虫

蛔虫是人体常见的寄生虫(讨论:蛔虫是怎样进入人体的?)(图 3-13)。

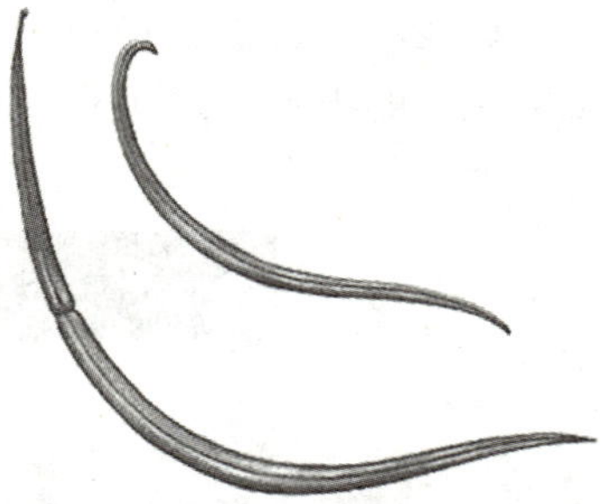

图 3-13　蛔虫

蛔虫的寄生特点:蛔虫口的周围有 3 片唇,适于吸附在寄主的肠壁上;体表的角质层能够防止虫体被人体的消化液侵蚀。蛔虫的消化管结构简单,适于吸食半消化的食物;有很发达的生殖器官,雌虫每天可以产卵 20 万粒左右。

蛔虫的危害:蛔虫的成虫在人的小肠里吸食半消化的食物,并且分泌毒素,引起人体精神不安,如烦躁、夜惊、磨牙等;寄生数量多时,引起肠梗阻;蛔虫还可能钻进胆管或阑尾,引起胆道蛔虫病或阑尾炎。

2.蛲虫

蛲虫病在幼儿中的感染率较高。

3.线形动物的主要特征

线形动物身体细长;消化管的前端有口,后端有肛门。

防止蛔虫卵的传播,减少人体患蛔虫病的机会。首先必须注意个人饮食卫生。生吃的蔬菜、瓜、果要洗干净,不要喝不清洁的生水,饭前便后要洗手。

【知识巩固】

一、填空题

1.涡虫是营________生活的________动物。

2.猪肉绦虫的幼虫寄生在________,成虫寄生在________。

3.蛔虫适于寄生生活的特点有:________;________;________;________。

二、简答题

1.为什么涡虫是扁行动物?

2.猪肉绦虫是怎样摄取食物的?

3.如何预防蛔虫病?

五、环节动物

环节动物有 8700 多种,其身体由许多相似的体节组成。常见种类有以下几种。

1.蚯蚓(图 3-14)

图 3-14　蚯蚓

生活方式:蚯蚓生活在潮湿、富含有机质的土壤中,穴居,是腐食动物。

呼吸：蚯蚓依靠湿润的体壁进行气体交换来获得氧气，体表一经干燥，就会很快死去。

运动：蚯蚓依靠肌肉的收缩及体表刚毛的配合进行运动。

生殖：蚯蚓是雌雄同体、异体受精的动物。

2.水蛭（蚂蟥）（图 3-15）

水蛭营寄生生活。

图 3-15　蚂蟥

3.沙蚕（万能饵料）（图 3-16）

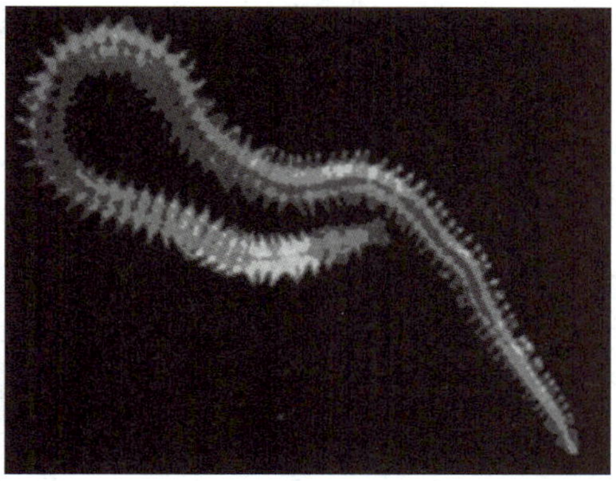

图 3-16　沙蚕

4.环节动物的主要特征

环节动物的身体由许多体节组成；有真体腔。

六、软体动物

1.河蚌（图 3-17）

生活习性：河蚌生活在江河、湖泊的水底，以水中的微小生物为食物。

外部形态：具有两瓣卵圆形外壳，足呈斧状，左右侧扁，富肌肉，位于内脏团腹侧，向前下方伸出。足为蚌的运动器官。

图 3-17　河蚌

结构和生理（图 3-18）

肌肉：与壳内面肌痕相对应，可见前闭壳肌及后闭壳肌，为粗大的柱状肌，连接左右壳，其收缩可使壳关闭。

消化系统：口的两侧各有一对三角形唇片，有感觉和摄食功能。口后为短而宽的食道，下连膨大的胃，胃后为肠，肛门开口于后闭壳肌上，出水管附近。

呼吸系统：用鳃呼吸。

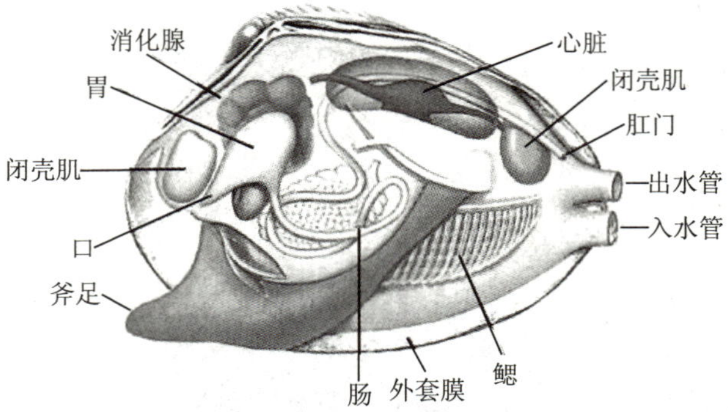

图 3-18　河蚌内部结构

2.乌贼(图 3-19)

乌贼生活在海水中,贝壳退化,长在柔软身体背面的皮下,叫海螵蛸。

图 3-19　乌贼

3.蜗牛(图 3-20)

蜗牛吃蔬菜、粮食作物的叶、茎,对农业生产有害。

图 3-20　蜗牛

软体动物的代表动物还有珍珠贝、虎斑宝贝、牡蛎等(图 3-21~图 3-23)。

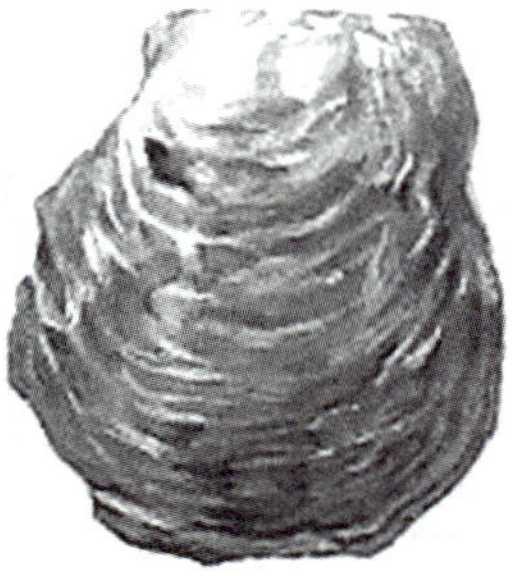

图 3-21　珍珠贝

图 3-22　虎斑宝贝

图 3-23　牡蛎

4.软体动物的特征

软体动物的身体柔软;有外套膜;身体表面有贝壳(或具有被外套膜包被的内壳)。

【知识巩固】

一、填空题

1.乌贼生活在海水中贝壳退化,长在柔软身体背面的皮下,叫________。

2.蚯蚓依靠湿润的________进行气体交换来获得氧气。

3.环节动物主要特征是:身体由许多________组成,有________。

二、简答题

1.蚯蚓与人类有什么关系?

2.你认识哪些软体动物?谈谈它们与人类的关系。

七、节肢动物

动物界中种类最多、数量最大的是节肢动物,现存种类有 100 多万种,占动物界已知种类的五分之四。分为昆虫纲、甲壳纲、蛛形纲、多足纲。

1.昆虫纲

昆虫纲是动物界中最大的一个纲。

(1)蝗虫。蝗虫体表具有坚硬的外骨骼,其主要作用是保护和支持内部的柔软器官、防止体内水分的蒸发散失。这是适应陆地生活的特点之一。外骨骼不能随着蝗虫身体的生长而长大,所以在蝗虫生长发育的过程中要经过多次蜕皮。

把蝗虫放在小蜡盘里,观察它的外部形态(图 3-24)。分别取下蝗虫的口器,依原有次序把它排列在蜡盘上(图 3-25),这类的口器适于咀嚼禾本科植物的叶子。

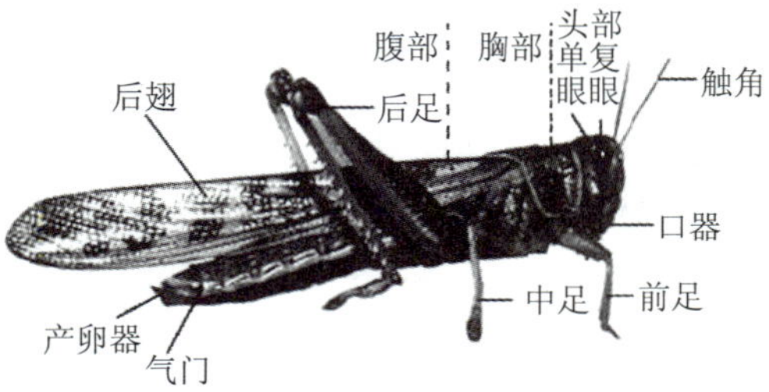

图 3-24　蝗虫

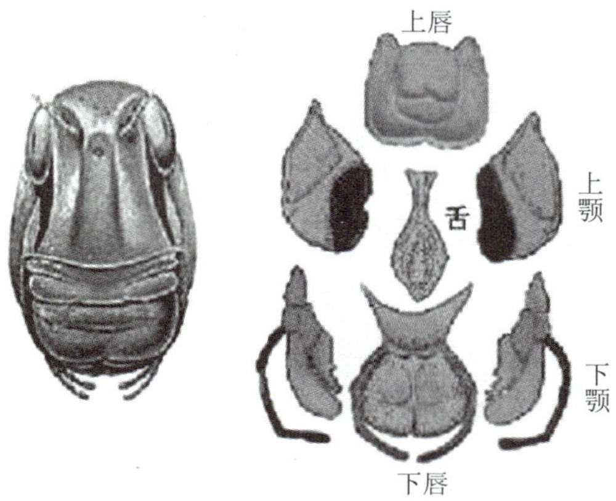

图 3-25　蝗虫的口器

昆虫纲的特征：身体分头、胸、腹三部分；头部有一对触角、一对复眼和一个口器；胸部有三对足，一般有两对翅。

（2）昆虫的多样性。

鳞翅目：代表动物为红灰蝶、榆凤蛾。

鞘翅目：代表动物为多带天牛。

蜻蜓目：代表动物为黄蜻。

膜翅目：代表动物为蜜蜂。

双翅目：代表动物为蝇。

直翅目：代表动物为蝗虫。

【知识巩固】

简答题

1.蝗虫的呼吸方式与蚯蚓有何不同，这种不同说明了什么？

2.昆虫的分类如何？昆虫的共同特点有哪些？

2.甲壳纲

对虾（图 3-26）：体长大而侧扁。甲壳薄，光滑透明，通常雌虾个体大于雄虾。

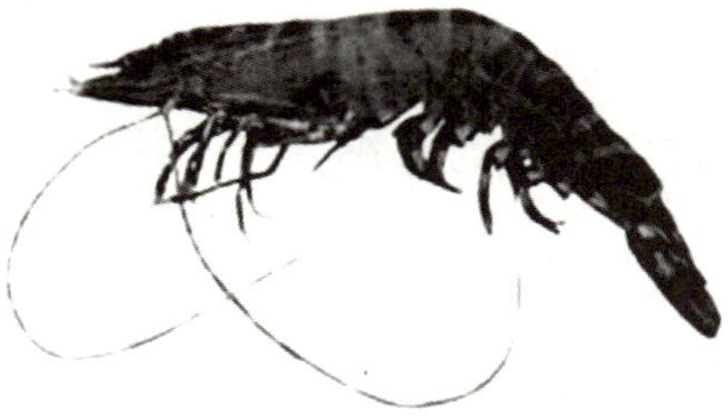

图 3-26　对虾

河蟹（图 3-27）：最前端的一对附肢叫螯足，表面长满绒毛；螯足之后有 4 对步足，侧扁而较长。河蟹的雌雄可从它的腹部辨别：雌性腹部呈圆形，雄性腹部为三角形。河蟹常穴居于江、河、湖泊的泥岸，夜间活动，以鱼、虾、动物尸体和谷物为食。

图 3-27　河蟹

3.蛛形纲和多足纲

蜘蛛（图 3-28）：蜘蛛腹部末端的纺织器与体内丝腺相同。丝腺可分泌透明的液体，由纺织器上的小孔流出，遇到冷空气凝结成蛛丝。由蛛丝结成的蛛网，可把昆虫粘住。蜘蛛用中空的尖齿向猎物注射毒液，毒液可使猎物的组织软化，随后，蜘蛛就用像吸管一样的尖齿吸食软化了的猎物。

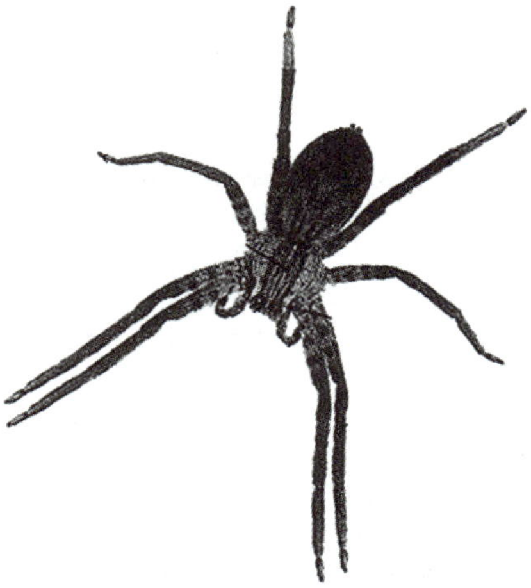

图 3-28　蜘蛛

蝎子(图 3-29):瘦长的身体、螯、弯曲分段且带有毒刺的尾巴(后腹部)。蝎取食时,用触肢将捕获物夹住,后腹部(蝎尾)举起,弯向身体前方,用毒针螯刺。

图 3-29　蝎子

蜈蚣(图 3-30):是一种凶猛的掠食者。捕食时,它能向小动物体内注射毒液,让小动物快速死去。

图 3-30　蜈蚣

4.节肢动物的主要特征

节肢动物的身体由很多体节构成,并且分部;体表有外骨骼;足和触角都分节。

【知识巩固】

简答题

1.你见过的动物中哪些属于节肢动物？它们的特征是什么？

2.节肢动物主要分成哪几类?

八、棘皮动物

身体表面都长有许多长短不一的棘状突起,大多呈辐射对称。

海星:海星有再生能力。海星的捕食方法十分奇特,当海星用腕和管足把食物抓牢后,把胃从口翻出来,包住食物进行消化,再把胃缩回体内。(图 3-31)

图 3-31　海星捕食

棘皮动物的代表动物还有海参、海胆等 。

海参(图 3-32)不仅是餐桌上的美味佳肴,而且还是营养滋补品,对增强体质、预防疾病、抑制肿瘤、延年益寿都具有良好的功效。海胆(图 3-33)的卵是一种特殊风味的佳肴,紫海胆的卵块是名贵的海珍品。

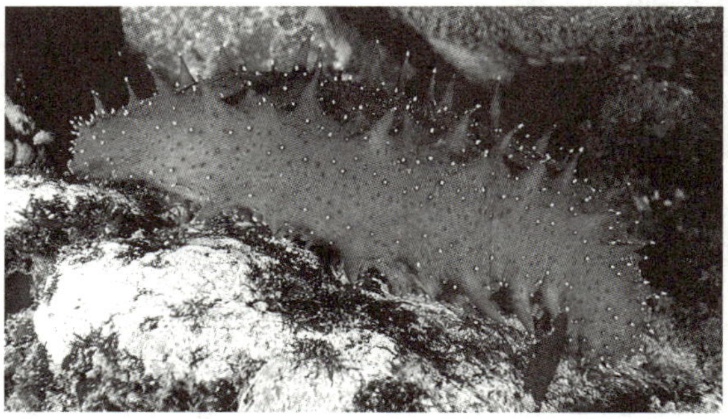

图 3-32　海参

图 3-33　海胆

【知识巩固】

简答题

你认识的棘皮动物有哪些?

第二节　脊椎动物

一、鱼类

在脊椎动物界中,鱼类的结构比较简单,其形态结构和生理特点与水中生活相适应。

1.鲫鱼

鲫鱼生活在淡水中,杂食性。

(1)外部形态(图 3-34)。

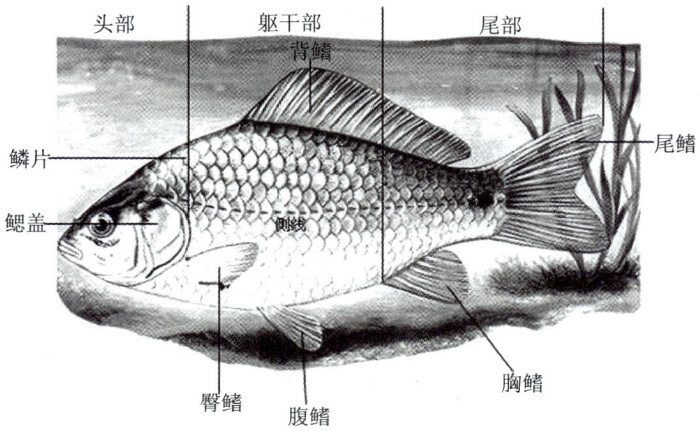

图 3-34　鲫鱼

(2)内部结构。

骨骼系统　鱼类的骨骼可分为两大部分,即中轴骨骼(脊柱、头骨) 和附肢骨骼(带骨和鳍骨)(图 3-35)。脊柱的出现在动物进化中具有重要的意义。

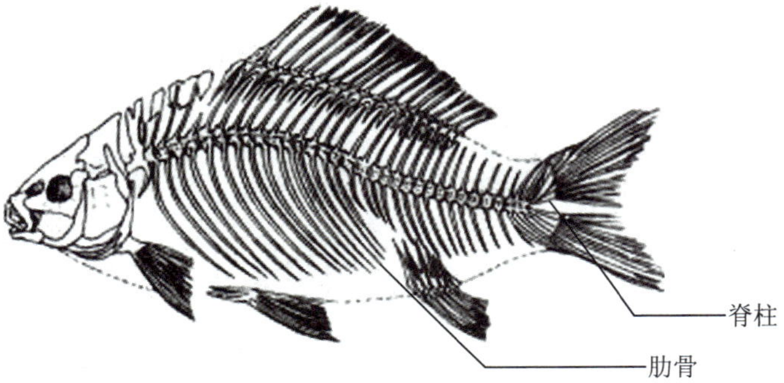

图 3-35　鱼的骨骼

呼吸系统　以鲤鱼为例,其内部结构如图 3-36 所示。

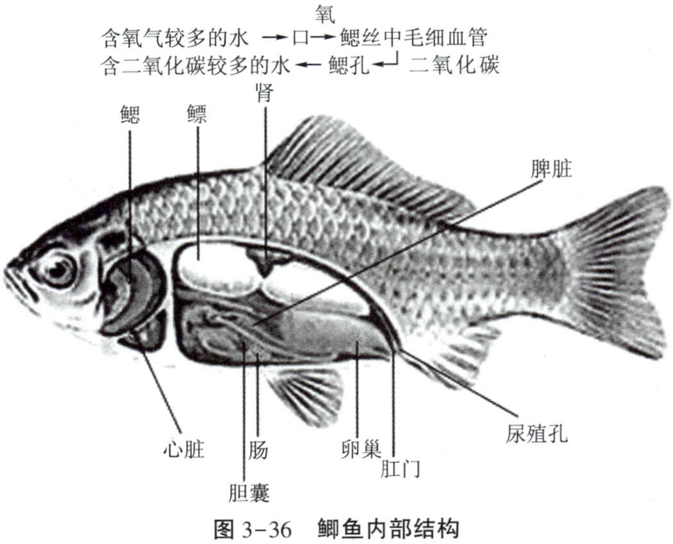

图 3-36　鲫鱼内部结构

消化系统　鲫鱼是杂食性鱼类,在肠之间,因胰脏同肝脏混在一起,不易区别,故叫作肝胰脏。

循环系统　单循环。动脉血:血液含氧多,颜色鲜红;静脉血:血液含氧少,二氧化碳多,颜色暗红(图

3-37)。

变温动物　鲫鱼的体温随着外界温度的改变而变化。

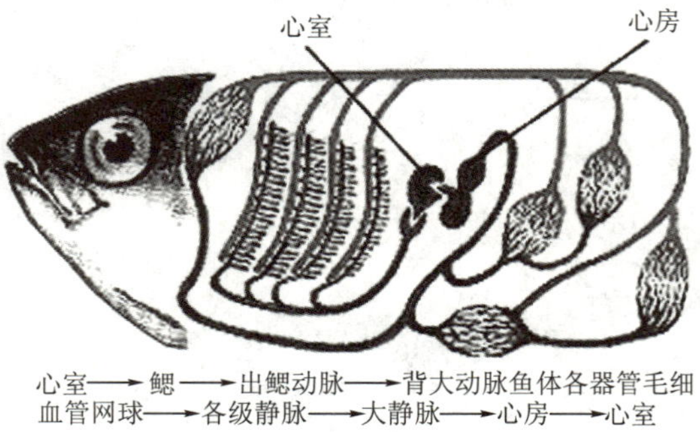

图 3-37　**鲫鱼血液循环图示**

神经系统　鲫鱼的脑已经分化出大脑、间脑、中脑、小脑和延髓五部分，但脑的结构比较原始、低等，脑的体积也较小，大脑不发达。

生殖和发育：鲫鱼是雌雄异体，体外受精。受精卵进行细胞分裂，发育成幼胚，胚胎继续发育成幼鱼。

2.鱼类的主要特征

鱼类终生生活在水中；用鳃呼吸；用鳍游泳；心脏一心房、一心室；体温不恒定。

【知识巩固】

一、填空题

1.鲫鱼的体温随着外界温度的改变而变化是________________。

2.鲫鱼是雌雄________________，________________受精。

二、简答题

1.鱼类有哪些特点与其水中生活相适应？

2.假如鱼嘴不能开合，鱼类还能获取氧气吗？说明理由。

3.鱼类的多样性

全世界已知鱼类有两万多种，我国有两千多种。

(1)淡水鱼类

四大家鱼：(图 3-38～图 3-41)

图 3-38　**青鱼**

图 3-39　**草鱼**

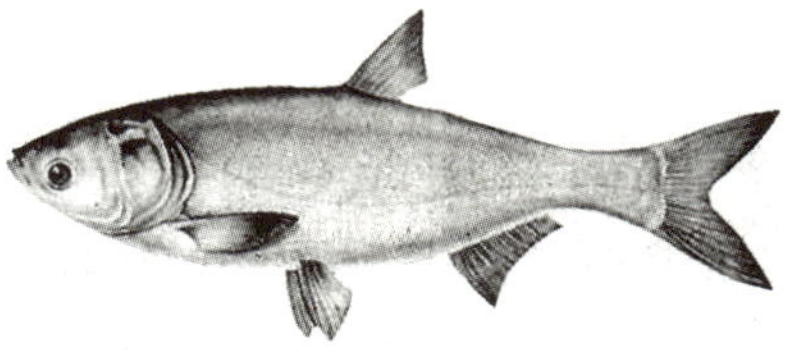

图 3-40　**鲢鱼**

3-41　**鳙鱼**

中华鲟(图 3-42):中华鲟是国家一级保护动物,是长江中最大的鱼,故有“长江鱼王”之称,被世界自然保护联盟(IUCN)列为濒危种。

图 3-42　中华鲟

金鱼:我国传统的观赏鱼类,它是由古代的鲫鱼演化而成的。

(2)海洋鱼类

带鱼(图 3-43):头尖口大,至尾部逐渐变细,身高为头长的 2 倍,全长 1 米左右。性凶猛,主要以毛虾、乌贼为食。

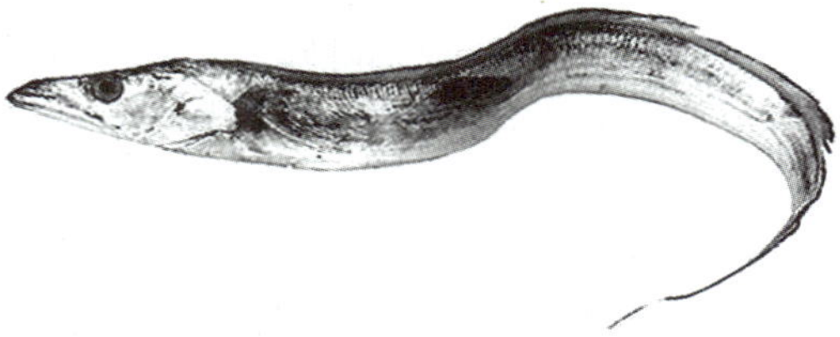
图 3-43　带鱼

鲸鲨(图 3-44):是世界上现存的最大的鱼类。它的最长可达 20 米,体表散布淡色带与斑点。食大量浮游生物和小型鱼类。

图 3-44　鲸鲨

【知识巩固】

一、填空题

1.中华鲟是国家________,是长江中最大的鱼,故有“________”之称。

2.________是世界上现存的最大的鱼类。

二、两栖动物

在脊椎动物中,两栖动物是由水生生活向陆生生活进化的过渡类群。地球上现存 2500 多种,常见的种类有以下几种。

1.青蛙

讨论:为什么要保护青蛙?

生活习性:青蛙生活在稻田、沟渠和池塘的水边,主要以昆虫为食,到了冬季有冬眠现象。冬眠是青蛙对冬季不良外界环境的一种适应。

外部形态(图 3-45)

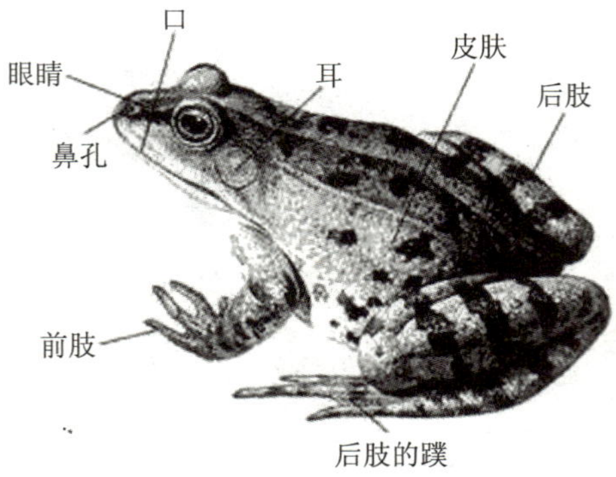

图 3-45　青蛙

生理结构(图 3-46):

呼吸系统:青蛙的肺不发达,构造很简单,皮肤辅助呼吸。青蛙的皮肤能分泌黏液,保持湿润状态,使外界空气中的氧和皮肤微血管血液中的二氧化碳进行交换,以补充肺呼吸量的不足。青蛙通过皮肤呼吸所得的氧,占吸氧总量的 40%左右。

在春天夜晚的河塘边,常常会听到青蛙演奏的响亮乐章。青蛙是第一个真正用声带来鸣叫的动物,在它的喉门里有两片声带,当气体从肺里冲出时,声带振动就发出声音。雄蛙口角的两旁生有一对鸣囊,对声带发出的声音有共鸣作用,使声音更加洪亮。这是雄蛙和雌蛙的不同特征之一。

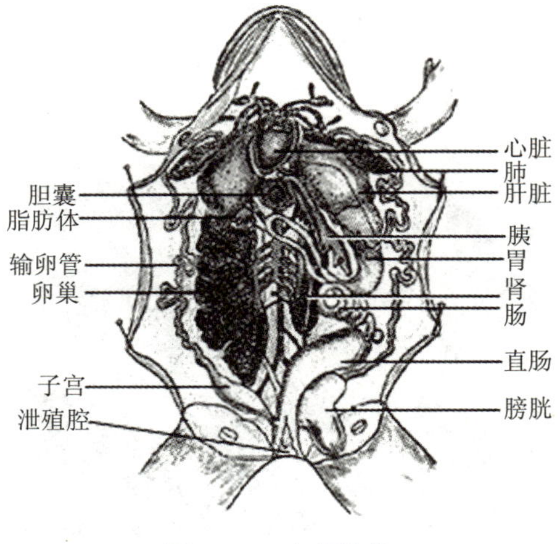

图 3-46　内部结构

循环系统:青蛙的血液循环(图 3-47)是不完全的双循环,血液输送氧气能力较低,身体产热能力较差,皮肤裸露,身体表面没有保温结构,因此青蛙也是变温动物。

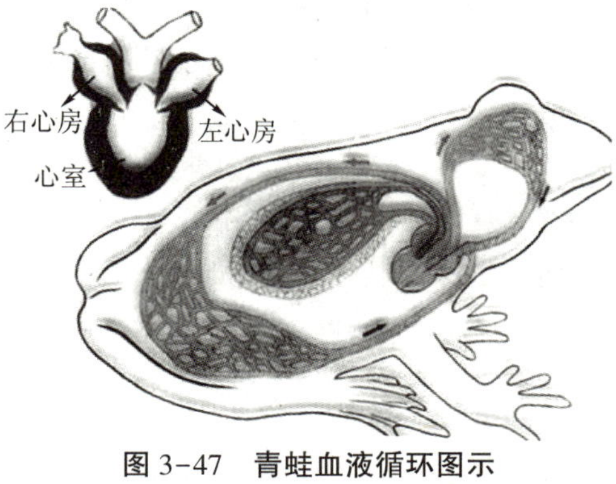

图 3-47　青蛙血液循环图示

神经系统：青蛙的大脑比鱼类发达。

生殖和发育：体外受精，受精卵在膜内进行细胞分裂，发育成胚胎。胚胎继续发育，形成蝌蚪从膜内孵化出来。刚孵化出来的蝌蚪，无论从外部形态还是内部构造都很像鱼。大约经过 40 天，蝌蚪长出后肢，然后长出前肢；尾部逐渐缩短；内鳃消失，肺形成；心脏由一心房一心室变为二心房一心室；蝌蚪已变成了幼小的青蛙，幼蛙离水登陆，逐渐发育为成蛙（图 3-48）。

图 3-48　青蛙的发育过程

2.其他两栖动物

大鲵（娃娃鱼）（图 3-49）：现存两栖动物中体形最大的种类。

图 3-49　大鲵

蟾蜍（图 3-50）：蟾蜍俗称癞蛤蟆，是一种有药用价值的经济动物。

图 3-50　蟾蜍

3.两栖动物的主要特征

两栖动物皮肤裸露，富含腺体，能分泌黏液；幼体生活在水中，用鳃呼吸；变态后的成体，生活在陆地上或水中，主要用肺呼吸，兼用皮肤辅助呼吸，心脏具有两心房一心室，血液循环为不完全的双循环。

【知识巩固】

一、填空题

1.青蛙的________不发达，构造很简单，________辅助呼吸。

2.青蛙的幼体叫________，生活在________，用________呼吸，成体________两栖。

二、简答题

鳄鱼、乌龟是两栖动物吗？什么叫两栖动物？

三、爬行动物

爬行动物是一类真正适应陆地生活的脊椎动物，地球上现存有6000多种，我国有380多种。

1.蜥蜴

外部形态（图3-51）：皮肤干燥、粗糙，表面覆盖角质细鳞，这样的皮肤能减少水分蒸发，利于在陆地上生活。

图3-51　蜥蜴

结构生理：

呼吸系统：蜥蜴的肺泡数目很多，因此能比较好地完成气体交换，满足整个身体对氧气的需要，所以蜥蜴能生活在比较干燥的环境中。

生殖发育：体内受精，蜥蜴产生的受精卵较大，卵内含有的养料多，外面有坚韧的卵壳保护。幼蜥刚出壳就能独立生活，这些说明了蜥蜴才是真正的陆生脊椎动物。

2.其他爬行动物

扬子鳄（图3-52）：扬子鳄是我国特产动物，它对于人们研究古代爬行动物的兴衰和研究古地质学和生物的进化有重要意义，为国家一级保护动物。

图3-52　扬子鳄

龟：是现存最古老的爬行动物。特征为身上长有非常坚固的甲壳，受袭击时龟可以把头、尾及四肢缩回龟壳内。大多数龟均为肉食性。龟类如海龟（3-53）。

图 3-53　海龟

蛇：蛇的身体细长，没有四肢，体表有鳞片。蛇的种类分为有毒蛇和无毒蛇。有毒蛇如眼镜蛇（图 3-54）。

图 3-54　眼镜蛇

3.爬行动物的主要特征

体表覆盖着角质的鳞片或甲；用肺呼吸；体内受精；卵表面有坚韧的卵壳；体温不恒定。

四、鸟类

鸟类是人类的朋友，是大自然的重要组成部分。可以说鸟类是自然界中天然的艺术品：五彩缤纷的羽毛，有时还带有金属反光的羽饰、婉转多变的鸣声、秀丽而矫健的身姿，穿飞于红花绿柳之中，为大自然增添了情趣和生机。

鸟类是适应飞翔和陆地生活的高等脊椎动物，它们的身体从外形到内部结构和生理特性都有许多适应飞翔的特点。鸟类的种类繁多，分布范围很广。

1.家鸽

外部形态（图 3-55、图 3-56）：

图 3-55　家鸽

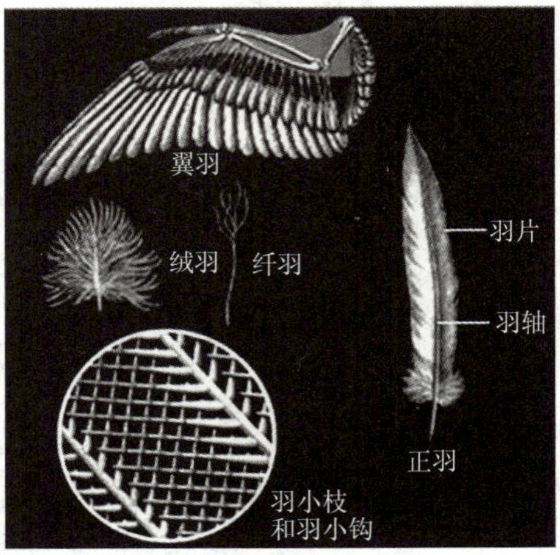

图 3-56　家鸽的羽毛

结构生理：

骨骼和肌肉系统：家鸽的骨骼轻而坚固，骨腔充有空气，很多骨有愈合现象，如头骨、愈合荐椎（由腰椎、荐椎和一部分胸椎、尾椎愈合而成），这样，既可减轻身体的重量，又能加强坚固性。胸骨上有发达的龙骨突起，可附着强大的胸肌，用来牵动两翼飞翔（图 3-57）。

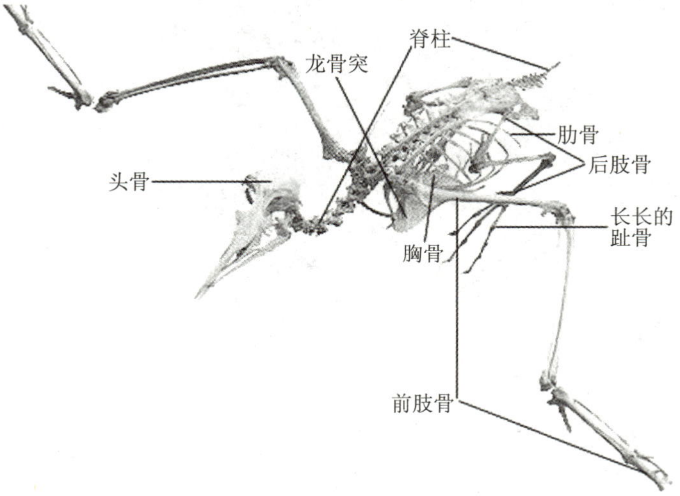

图 3-57　家鸽的骨骼

呼吸系统：鸟类的呼吸系统十分特化，是双重呼吸。这与鸟类飞翔所需的高氧消耗是相适应的。气囊除有辅助呼吸作用外，还有减轻身体的比重、增加浮力、减少内脏器官间的摩擦和散热的作用（图 3-58）。

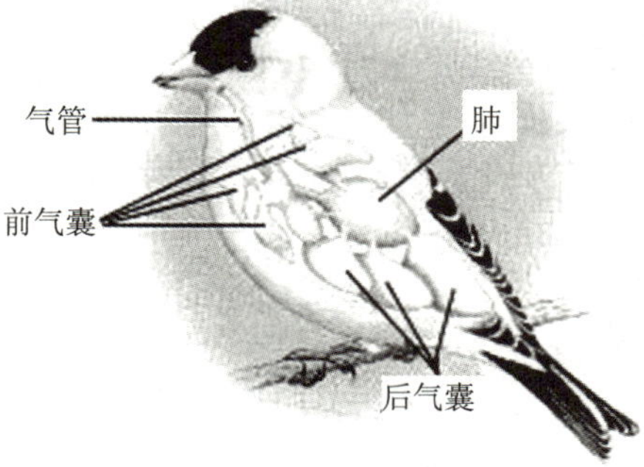

图 3-58　家鸽的气囊

循环系统：家鸽的心脏四室，心室里的动脉血和静脉血全部分开，构成完全的双循环。它的代谢旺盛，血流快。体温高而恒定（图 3-59）。

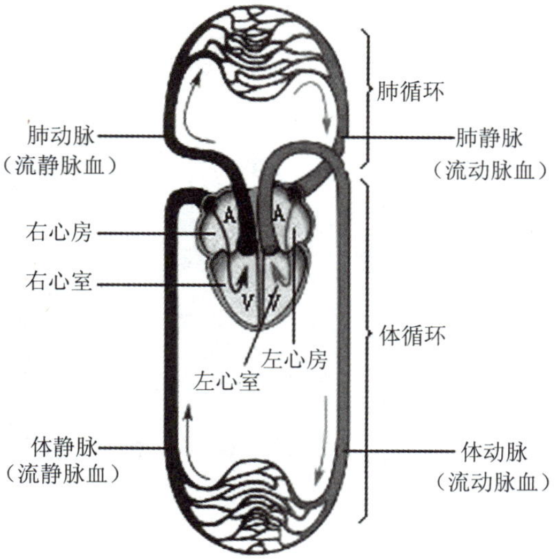

图 3-59　家鸽血液循环图示

神经系统：飞行要求鸟类具有非常快速的反应能力，所以，家鸽有发达的大脑和小脑。发达的小脑对控制和调节飞翔有重要作用。

2.鸟类的主要特征

鸟类体外被覆羽毛；前肢变为翼；骨中空，内有空气；有喙无齿；心脏 4 个腔；用肺呼吸；体温恒定；卵生。

【知识巩固】

一、填空题

1.家鸽的骨骼________而________，骨腔充有________，很多骨有愈合现象，这样既可________，又能加强________。

2.鸟类的呼吸系统十分特化，是________。

二、简答题

1.气囊对于家鸽的飞翔有什么意义？

2.你认识多少种鸟类？它们的共同特征是什么？

3.鸟类的多样性

鸟类是脊椎动物中的第二大类群，全世界鸟的种类有 9200 多种，我国已知有 1200 多种，是世界上鸟类最多的国家之一。

根据鸟类的生活习性和形态结构特点，可以把鸟类分为猛禽类、鸣禽类、涉禽、游禽、走禽、攀禽、鹑鸡类等生态类群。

猛禽：喙强大呈钩状；足强大有力；爪锐利而钩曲；翼大善飞；性情凶猛，捕食动物。

图 3-60　鸢

鸢（图 3-60）：又名“老鹰”，有长而狭的翼，分叉很深的尾，两足只适于攫取昆虫和小型爬行动物，也吃腐食烂肉，以善于在天上做优美持久的翱翔著称。

秃鹫（图 3-61）：大型猛禽，通体黑褐色，头裸出，仅背有短的黑褐色绒羽，后颈完全裸出无羽，颈基部被有长的黑色或淡褐白色羽簇形成的皱翎。

以大型动物的尸体为食。

猫头鹰(图 3-62):为夜行猛禽,喙坚强而钩曲,飞行迅捷无声。

图 3-61　秃鹫

图 3-62　猫头鹰(“田园卫士”)

鸣禽:足短而细,三趾向前,一趾向后;具有发达的鸣管和鸣肌,善鸣啭。如相思鸟、喜鹊、百灵等(图 3-63~图 3-65)。

图 3-63　相思鸟

图 3-64　喜鹊

图 3-65　百灵

涉禽:腿、喙、颈都很长,善于在浅水中行走和啄取食物。如白鹭(图 3-66)、苍鹭(图 3-67)、丹顶鹤等。

图 3-66　白鹭

图 3-67　苍鹭

丹顶鹤(图 3-68)：羽色素朴纯洁，体态飘逸雅致，鸣声超凡不俗，在《诗经·鹤鸣》中就有“鹤鸣于九皋，声闻于野”的精彩描述。

图 3-68　丹顶鹤

游禽：喙大多宽而扁平；足短，趾间有蹼，善于游泳。如绿头鸭、鸳鸯、天鹅等(图 3-69~图 3-71)。

图 3-69　绿头鸭

图 3-70　鸳鸯

图 3-71　舞姿翩翩的天鹅

走禽：翼退化；胸骨上没有龙骨突；足趾减少。如鸵鸟（图3-72）鸵鸟是现在生存的体型最大的鸟。

图3-72　鸵鸟

攀禽：足短而健壮，大多为两趾向前，两趾向后，善于攀缘树木。如啄木鸟、鹦鹉等（图3-73、图3-74）。

图3-73　啄木鸟

图3-74　鹦鹉

鹑鸡类：喙坚硬；后趾中型而强健，趾端有钩爪；翼短小；善走，不善飞，常以爪拨土觅食；多数雄鸟有显著的肉冠。如鸡、鹌鹑、孔雀等（图3-75～图3-77）。

图3-75　鸡

图3-76　鹌鹑

图 3-77 孔雀开屏

4.鸟类资料

蜂鸟(图 3-78):唯一一种能真正悬停和前后飞行的鸟类。

图 3-78 悬停的蜂鸟

朱鹮(图 3-79):又称朱鹭,是世界上一种极为珍稀的鸟,素有“东方宝石”之称,被世界鸟类协会列为“国际保护鸟”。

图 3-79 朱鹮

企鹅(图 3-80):海洋鸟类。

图 3-80　和睦的企鹅家庭

【知识巩固】

一、选择题

1.啄木鸟的特点是(　　)。

A.尾短小,善飞行

B.足四趾,两趾在前,两趾在后,趾端有爪

C.喙弯曲,善于捕食树木中的昆虫

D.只能在树干攀缘,不能飞行

2.猫头鹰在飞行时几乎没有声音,这是因为(　　)。

A.羽毛柔软　B.动作很轻　C.翅膀很少扇动　D.行动迅速

3.大山雀一昼夜捕食的昆虫大约(　　)。

A.占体重的四分之一　B.占体重的三分之一

C.占体重的一半　D.等于自身体重

4.我国的一级重点保护鸟类是(　　)。

A.丹顶鹤　B.大山雀　C.啄木鸟　D.猫头鹰

二、简答题

不同鸟类的主要特征是什么?

五、哺乳动物

哺乳动物是脊椎动物中最高等的一个类群,与人类关系非常密切。

1.家兔

外部形态(图 3-81):

图 3-81　家兔

结构生理：

体腔：家兔的体腔中有膈，是哺乳动物所特有的。膈把体腔分为胸腔和腹腔。

消化系统：家兔的消化系统发达，最显著特点是牙齿有了分化（图 3-82）。

家兔的肠很长，总长度为体长的 10 倍，其中盲肠特别发达，与家兔的植物性食物中纤维素较多相适应。家兔体内的消化腺有唾液腺、肠腺、肝脏和胰腺等（图 3-83）。

图 3-82　**家兔牙齿**

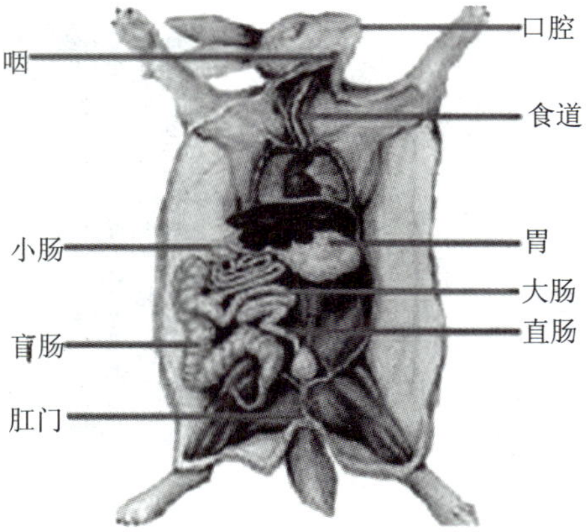

图 3-83　**家兔内部结构**

循环系统（图 3-84、图 3-85）：家兔的循环系统输送氧的能力很强，能够使身体产生大量的热量，同时身体有调节体温的结构，如每年春、秋两季前后随着季节换毛。因此，家兔可以保持恒定的体温。

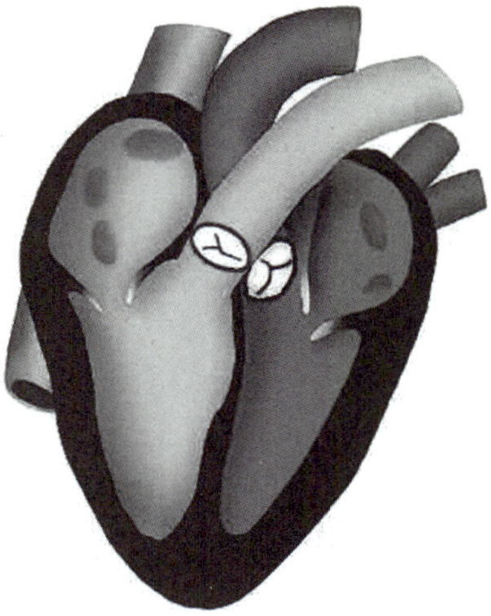
图 3-84　**家兔心脏**

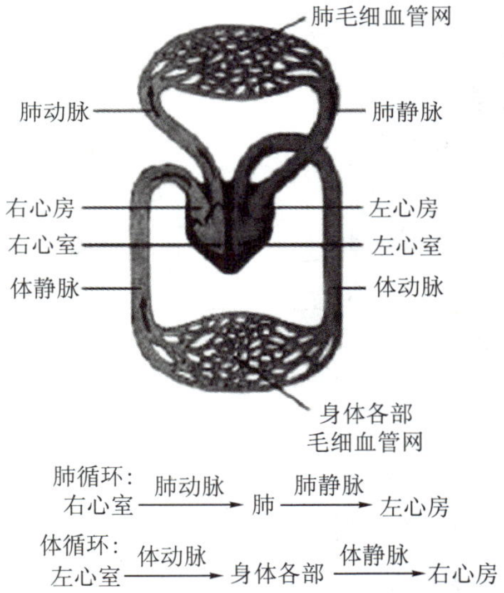

图 3-85　**家兔血液循环图示**

神经系统（图 3-86、图 3-87）：家兔的神经系统由脑、脊髓和神经组成。家兔具有发达的大脑和小脑，能对不同的刺激做出准确而迅速的反应。

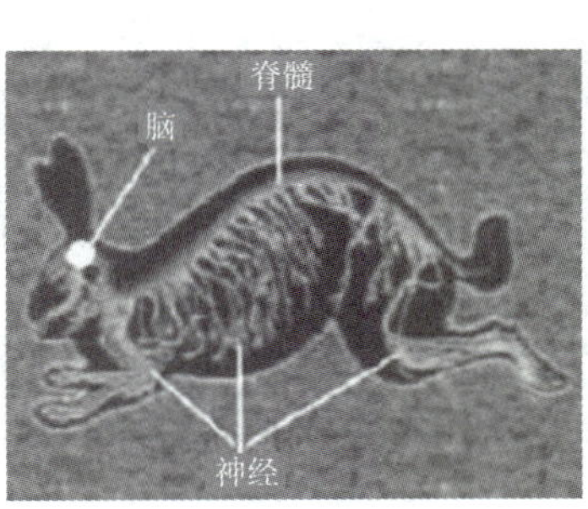

图 3-86　**家兔神经系统**

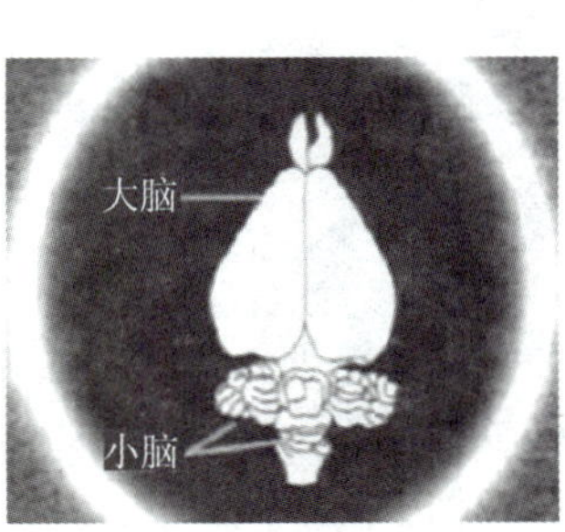

图 3-87　**家兔的脑**

生殖和发育：家兔进行体内受精。家兔的受精卵在母体的子宫内，经过细胞分裂和分化，发育成胚胎，胚胎在子宫里继续发育成胎儿。胎儿发育过程中所需营养的获得及废物的排出都要经过母体子宫内的特殊结构——胎盘（图3-88），所以胎盘是胎儿与母体进行物质交换的器官，也是哺乳动物所特有的结构。胚胎在母体的子宫里发育成胎儿后，就从母体生出来，这种生殖方式叫胎生。胎儿产出后，母体用乳汁哺育幼体。胎生和哺乳可以使后代的成活率大大提高，而且也增强了哺乳动物对陆地生活的适应能力。

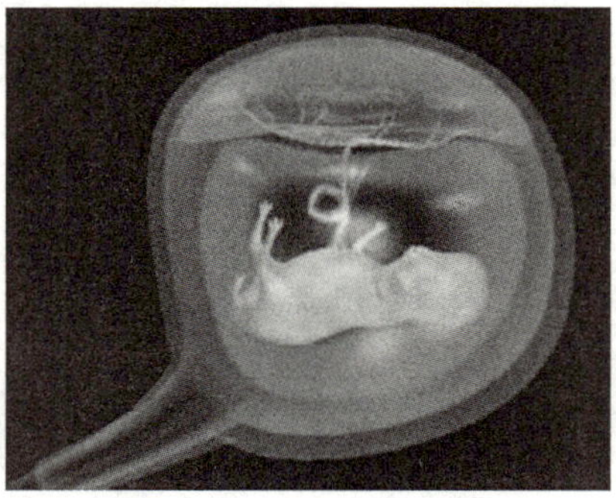

图3-88　家兔的胎盘

2.哺乳动物的主要特征

哺乳动物体表被毛；牙齿有门齿、臼齿和犬齿的分化；体腔内有膈；用肺呼吸；心脏四室；体温恒定；大脑发达；胎生、哺乳。

【知识巩固】

一、填空题

1.家兔的体腔中有__________，是哺乳动物所特有的。膈把体腔分为__________和__________。

2.家兔的神经系统由__________、__________和__________组成。家兔具有发达的__________和__________，能对不同的刺激做出准确而迅速的反应。

二、简答题

哺乳动物的主要特征有哪些？

3.哺乳动物的多样性

全世界有4000多种哺乳动物，其中有的善于在陆地上奔跑，有的能够在空中飞翔，也有些种类常年生活在水中，善于游泳，捕食鱼虾。与哺乳动物不同的生活习性相适应，它们的形态结构也千姿百态。

单孔目：最低等的哺乳动物，身体的后端只有一个孔——泄殖腔孔，生殖细胞、粪、尿都由这个孔排出体外；卵生；用乳汁哺育幼兽。如鸭嘴兽、针鼹等（图3-89、图3-90）。

图3-89　鸭嘴兽

图3-90　针鼹

有袋目：比较低等的哺乳动物。母兽有育儿袋；生殖方式是胎生，但是没有胎盘，初生的幼兽发育很不完全，在育儿袋中哺育长大。如袋鼠（图 3-91）。袋鼠是“跳高冠军”。它行动时，一跳就是 2~3 米远、6~8 米高，速度每小时可以达到 50~60 千米。

图 3-91　袋鼠

翼手目：能够飞翔的哺乳动物。前后肢和尾之间联以皮膜，形成两翼，能够飞行；牙齿细小而尖锐。如蝙蝠等（图 3-92、图 3-93）

图 3-92　蝙蝠

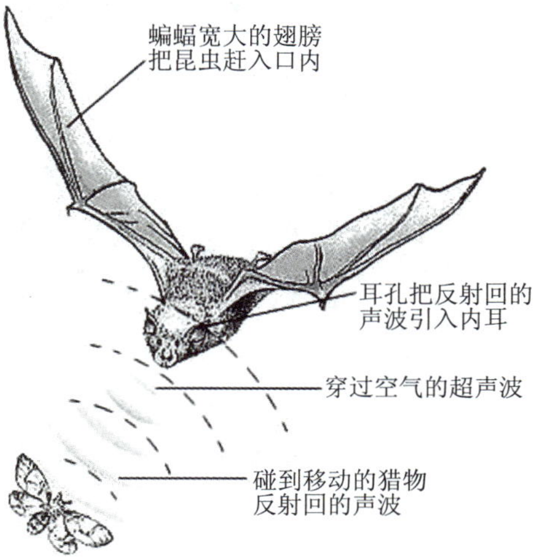

图 3-93　蝙蝠的回声定位

鲸目：终生生活在水里；胎生、哺乳；皮肤无毛；前肢和尾部都变为鳍状，后肢退化。如蓝鲸、海豚等（图 3-94、图 3-95）。

鲸：蓝鲸是现存世上最大的动物。

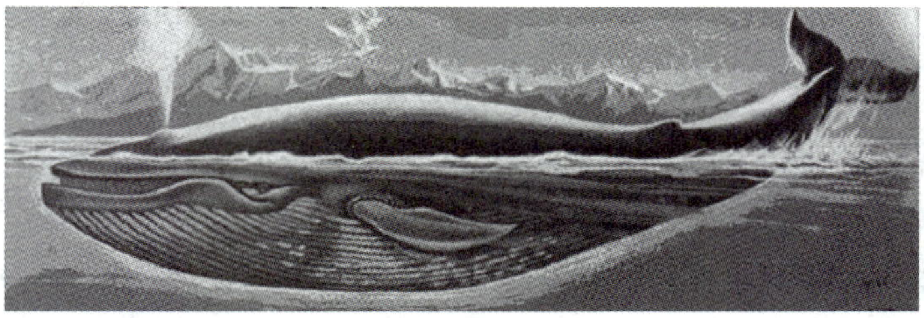

图 3-94　蓝鲸喷水

讨论：鲸与鱼类有哪些显著的区别？

海豚：“潜泳能手”。

图 3-95　海豚

食肉目：门齿不发达，犬齿长而大，臼齿的咀嚼面上有尖锐的突起，臼齿中有强大的裂齿。如虎、豹、狮等（图 3-96～图 3-99）。

虎："百兽之王"。

图 3-96　虎

猎豹："奔跑冠军"。猎豹的奔跑速度能达到每小时 100～120 千米。

图 3-97　猎豹

图 3-98　雄狮

大熊猫:(中国国宝)大熊猫是中国特产,是世界著名的稀有珍贵动物。

图 3-99　熊猫

偶蹄目:每肢有两指(趾)发达,着地,其余各指(趾)退化,指(趾)末端有蹄。如鹿、骆驼等(图 3-100 ~图 3-101)。

图 3-100　鹿

图 3-101　骆驼

奇蹄目:每肢有一指(趾)或三指(趾)特别发达,指(趾)末端有发达的蹄,其余各指(趾)都已退化。如马、牛等(图 3-102~图 3-103)。

图 3-102　斑马

图 3-103　犀牛

长鼻目:现存最大的陆生动物。体躯庞大,鼻呈圆筒形而且特别长,皮厚毛稀,四肢粗大如柱,如象(图 3-104)。

图 3-104　象

灵长目：手和足都能握物；两眼生在前方；大脑发达；行为复杂。如猴、黑猩猩等（图 3-105、图 3-106）。

图 3-105　金丝猴

图 3-106　黑猩猩

【知识巩固】

一、填空题

1.偶蹄目主要特征有：________________，________________。

2.灵长目主要特征有：______________；______________；______________；________________。

二、简答题

1.为什么鸭嘴兽是最原始的哺乳动物？

2.为什么鲸鱼不属于鱼类？蝙蝠不属于鸟类？

第三节　动物的行为*

如果你留心观察周围的动物世界，你会发现蝴蝶飞舞，蜜蜂采蜜，虫鸣鸟唱，大雁南飞，雄鹰捕兔，羚羊争斗，亲鸟育雏，等等，你会被这奥妙无穷的现象所吸引。其实，这种种现象都是动物行为的表现。

一、动物行为的表现

（一）动物行为的概念

动物的行为是指动物体在内外刺激下所产生的活动表现。

（二）多种多样的动物行为

1.动物的攻击行为如图 3-107～图 3-108 所示。

图 3-107　熊打斗

图 3-108　正在争斗的斑马

2.动物的防御行为如图 3-109～图 3-111 所示。

图 3-109　叶尾壁虎的保护色

图 3-110　刚果地衣螳螂的拟态

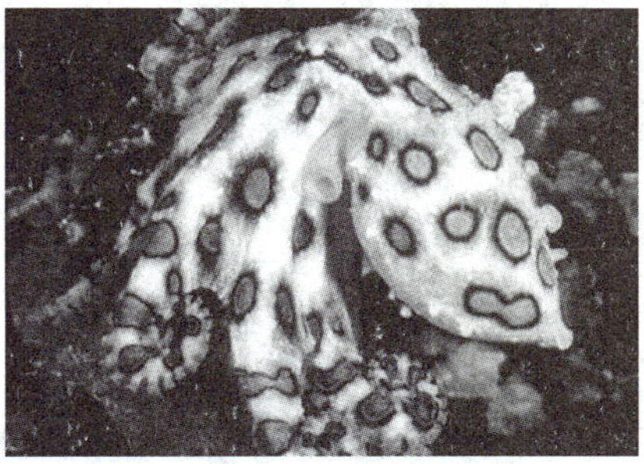

图 3-111　章鱼的警戒色

动物的攻击行为和防御行为对于动物维持个体生存和延续种族必不可少。

3.动物的贮食行为

动物的贮食行为对动物度过食物稀少的时期,维持动物的正常生命活动十分有利。如图 3-112、图 3-113 所示。

图 3-112　金钱豹和它捕获的食物

图 3-113　蜜蜂酿造蜂蜜为过冬做准备

4.动物的繁殖行为

求偶:动物的求偶行为因种类不同而异。如图 3-114、图 3-115 所示。

图 3-114　丹顶鹤的舞婚

图 3-115　丹顶鹤高歌求偶

筑巢：许多动物都会营造巢穴，用于栖身和繁育后代。如图 3-116 所示。

孵卵：如图 3-117 所示。

图 3-116　**鸟的筑巢**

图 3-117　**鸭孵卵**

抚幼：动物保护和"抚育"幼体的行为。如图 3-118、图 3-119 所示。

图 3-118　**丹顶鹤育雏**

图 3-119　**哺乳**

5.社群行为

更好地适应生活环境，维持个体和种族的生存。

群体的组织：如图 3-120 所示。

图 3-120　**白蚁家庭**

通信：动物的活动、声音和气味等都能够起到传递信息的作用，都是动物的"语言"。

6.节律性行为

动物生活在自然环境中，随着地球、日、月的周期性变化，逐渐形成了许多周期性的、有节律的行为，这种行为叫作节律行为，如公鸡报晓。节律行为对于动物获得食物和适宜的生活环境，避开不良的生活条件，有极其重要的作用。

许多鸟类也有随季节不同而变更生活地区的习性，这就是鸟类的迁徙行为，如大雁迁徙。有迁徙行为的鸟，叫作候鸟，例如天鹅和丹顶鹤。鸟类的迁徙就是一种季节节律行为。人类应该积极了解并且掌握动物的节律行为，以便更好地利用有益动物和防治有害动物。

二、动物行为的特点和生理基础

动物的种类繁多，动物的行为形形色色。但是动物的行为具有共同的特点，从动物行为产生的主要因素来看，可以将动物行为分为先天性行为和后天性行为。

1.先天性行为

先天性行为凡是动物生来就具有的，由身体里遗传物质所控制的行为，就是动物的先天性行为。例如蜜蜂采蜜、蚂蚁做巢、蜘蛛织网、鸟类迁徙等都是动物先天具有的本能，属于先天性行为。

2.后天性行为

后天性行为不是动物生来具有的，而是动物在成长的过程中，通过生活经验和“学习”逐渐建立起来的新的行为活动。如图 3-121 所示。

图 3-121 成年黑猩猩设法取到挂在高处的香蕉

3.动物行为产生的生理基础

动物行为的产生主要受神经系统的调控，同时也受身体内部激素的调控，这两方面是共同协调、相辅相成的。

【知识巩固】

简答题

1.动物为了适应生活具有哪些行为？

2.先天性行为和后天性行为有什么不同？

第四章 细 胞*

地球上已知的生物约有200万种，除了病毒以外，所有的生物体都是由细胞构成的。细胞不但是生物体的结构单位，而且生物体的一切生命活动都是通过细胞进行的。因此，细胞是生物体的结构和功能的基本单位。

第一节 细胞的化学成分

科学家通过研究各种生物的原生质，即细胞内的生命物质，查明了组成生物体的化学元素的种类、数量和作用。自然界中的生物和非生物都是由化学元素组成的。

一、组成细胞的化学元素

细胞中至少有62种元素，其中重要的有24种。例如，玉米植株和成人体内含量较多的化学元素的种类，以及各种元素的含量（占细胞干重的质量分数/%）如表4-1所示：

表4-1 玉米植株和成人体内含量较多的化学元素的种类，以及各种元素的含量

	元素	O	C	H	N	K	Ca	P	Mg	S
含量/%	玉米	44.43	43.57	6.24	1.46	0.92	0.23	0.20	0.18	0.17
	人	14.62	55.99	7.46	9.33	1.09	4.67	3.11	0.16	0.78

分析上表可知，组成玉米和人体的基本元素是C，此外还含有O、H和N，这4种元素在组成生物体的元素中含量最多。从上表还可看出，组成生物体的化学元素虽然大体相同，但是，在不同的生物体内，各种化学元素的含量相差很大。

依据在生物体内含量的不同，可分为：

大量元素：含量占生物体总重量的万分之一以上的元素，如C、H、O、N、P、S、K、Na、Ca、Mg、Cl等。

微量元素：含量占生物体总重量的万分之一以下的元素，如Fe、Cu、Mo、Mn、Zn、Co、I、B、Cr、Se、As、Ni等。

依据元素的生物学功能，大致可分为：构成原生质的基本元素；调节机体活动的元素；与蛋白质结合的元素，如Fe是血红蛋白的主要成分。

组成生物体的化学元素，在无机自然界都可以找到，没有一种化学元素是生物界所特有的。这个事实说明，生物界和非生物界具有统一性。

二、组成细胞的化合物

构成细胞的各种化合物主要包括无机化合物和有机化合物，无机化合物有水和无机盐，有机化合物

有糖类、脂质、蛋白质和核酸等。各种化合物在细胞中的含量不同，一般情况下，这些化合物占细胞鲜重的情况如表 4-2 所示。

表 4-2 各种化合物在细胞中的含量不同，一般情况下，这些化合物占细胞鲜重的情况

物质	含量
水	占 80%～90%
无机盐	占 1%～1.5%
蛋白质	占 7%～10%
脂质	占 1%～2%
糖类和核酸	占 1%～1.5%

1.水

生物体没有水就不能生活。水在各种细胞中的含量都是最多的。在不同种类的生物体中，水的含量差别较大，分别占体重的 60%～95%。水母的身体里水的含量约为 97%。

水在细胞中以两种形式存在。一部分水与细胞内的其他物质相结合，叫作结合水，结合水是细胞结构的组成成分；大部分水以游离的形式存在，可以自由流动，叫作自由水。水是细胞内的良好溶剂，生物体内的大部分无机物质及一些有机物，都能溶解于水。细胞内的各种代谢过程，如营养物质的吸收、代谢废物的排出，以及一切生物化学反应等，都必须在水环境中才能进行。

2.无机盐

无机盐在细胞中的含量很少，大多数无机盐以离子形式存在于细胞中，如 Na^+、K^+、Ca^{2+}、Mg^{2+}、PO_4^{3-}、Cl^- 等离子。无机盐在细胞中有重要作用，如铁是血红蛋白的主要成分，与血红蛋白携带氧气的功能有关；番茄果实缺钙发生顶腐（图 4-1）。

图 4-1 番茄果实缺钙发生顶腐

3.糖类

糖类是生物体进行生命活动的主要能源物质，是由 C、H、O 三种元素组成的，广泛地分布在植物和动物的身体中。糖类可以分为单糖、二糖、多糖等几类。

葡萄糖、果糖是在生物界分布最普遍的单糖。葡萄糖是绿色植物进行光合作用的产物，是细胞的重要能源物质。核糖主要存在于细胞质内，脱氧核糖主要存在于细胞核内。

在植物细胞中，最重要的二糖是蔗糖和麦芽糖。甘蔗和甜菜里含有大量的蔗糖。发芽的大麦粒里含有大量的麦芽糖。在动物的细胞中，最重要的二糖是乳糖，乳汁里含有乳糖。

多糖是自然界中含量最多的糖类。在植物细胞中，最重要的多糖是淀粉和纤维素。动物细胞和人体细胞中最重要的多糖是糖原，糖原也是细胞中重要的储存能量的物质。甘薯的块根内含大量的纤维素。

4.脂质

脂质主要由 C、H、O 三种化学元素组成，有些脂质还含有 N 和 P 等元素。脂质包括脂肪、类脂和固醇等，这些物质普遍存在于生物体内。

脂肪大量储存在某些植物的种子、果实细胞和动物的脂肪细胞中，它主要是生物体内储存能量的物质。类脂中的磷脂是构成细胞膜的重要成分，也是构成多种细胞器膜结构的重要组成成分。固醇类物质主要包括胆固醇、性激素和维生素 D 等，这些物质对于生物体维持正常的新陈代谢和生殖过程，起着重要的调节作用。

5.蛋白质

蛋白质主要由 C、H、O、N 四种化学元素组成。很多重要的蛋白质还含有 P、S 两种元素，有的也含微量的 Fe、Cu、Mn、I、Zn 等元素。

蛋白质是一种高分子化合物。蛋白质相对分子质量的变化范围很大，从几千到 100 万以上。例如，牛的胰岛素的相对分子质量是 5 700，人的血红蛋白的相对分子质量是 64 500。

蛋白质的基本组成单位是氨基酸。组成蛋白质的氨基酸大约有20种,蛋白质是由许多个氨基酸分子互相连接而成的。由于组成每种蛋白质分子的氨基酸的种类不同,数目成百上千,排列次序变化多端,空间结构千差万别,因此,蛋白质分子的结构是极其多样的,产生出许多不同种类的蛋白质。蛋白质分子结构的多样性,决定了蛋白质分子功能的多样性。总之,没有蛋白质,就没有生命活动。

6.核酸

讨论:你知道为什么"龙生龙,凤生凤,老鼠的儿子会打洞"吗?

核酸是由C、H、O、N、P等元素组成的,它是细胞中的另一种高分子化合物。各种生物体中都有核酸存在,它是一切生物的遗传物质,对于生物体的遗传性、变异性和蛋白质的生物合成有极其重要的作用。

核酸的相对分子质量很大,大约是几十万至几百万。核酸的基本组成单位是核苷酸。每个核酸分子是由几百个到几千个核苷酸互相连接而成的长链。

核酸可以分为两大类:一类是含有脱氧核糖的,叫作脱氧核糖核酸,简称DNA;另一类是含有核糖的,叫作核糖核酸,简称RNA。DNA主要存在于细胞核内,它是细胞的遗传物质。此外,在线粒体和叶绿体中,也含有少量的DNA。RNA主要存在于细胞质中。不同的生物所具有的DNA和RNA是不同的。

上面讲述的构成细胞的每一种化合物,都有其重要的生理功能,但是,任何一种化合物都不能单独地完成某一种生命活动,只有这些化合物按照一定的方式有机地组织起来,才能表现出细胞和生物体的生命现象。细胞就是这些物质最基本的结构形式。

【知识巩固】

一、选择题

1.生物体生命活动的物质基础是指(　　)。

A.各种化学元素　　B.各种化合物

C.大量元素和微量元素　　D.组成生物体的各种元素和化合物

2.构成细胞膜的重要成分是(　　)。

A.脂肪　　B.磷酸　　C.磷脂　　D.糖类

二、简答题

写出构成细胞的有机化合物的种类及组成元素。

第二节　细胞的结构和功能

根据细胞结构的特点和复杂程度的不同,可将细胞分为原核细胞和真核细胞两大类。绝大多数生物是由真核细胞构成的,叫作真核生物。支原体、细菌、蓝藻和放线菌等是由原核细胞构成的,叫作原核生物。

一、真核细胞

【观察与思考】

图4-2、图4-3分别是动物细胞和植物细胞的亚显微结构示意图。

思考:植物细胞结构与动物细胞结构有什么区别?

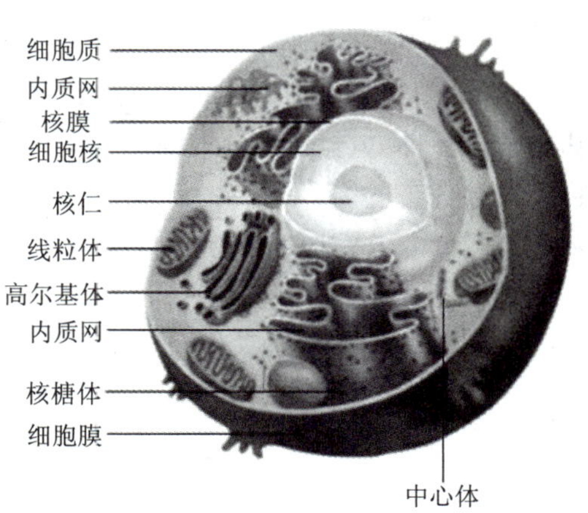

图 4-2　动物细胞亚显微结构示意图

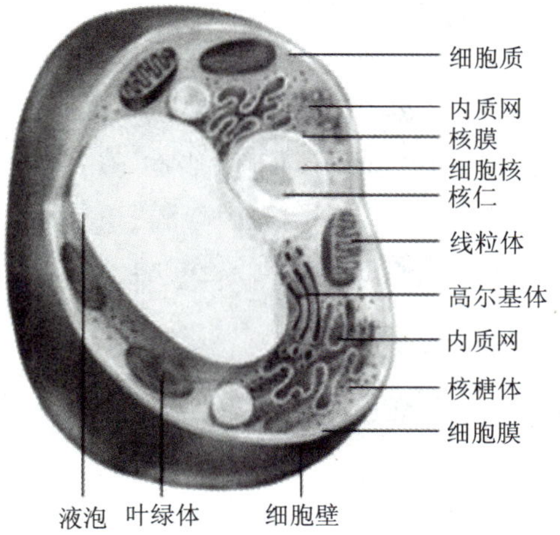

图 4-3　植物细胞亚显微结构示意图

细胞是生物体结构和功能的基本单位。细胞表面有细胞膜，具有保护细胞的作用。同时，细胞与周围环境不断地交换与运输物质，主要依靠细胞膜进行。

（一）细胞膜

在电子显微镜下才能真正看到一层厚约 8 nm 的膜。通过对细胞膜的化学成分分析知道，细胞膜主要是由磷脂分子和蛋白质分子构成的（图 4-4）。

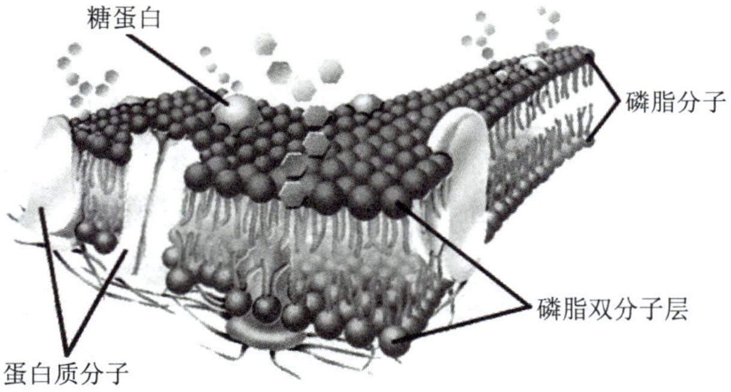

图 4-4　细胞膜的结构示意图

细胞膜有多方面的重要功能，它与细胞的物质交换、细胞识别、分泌、排泄、免疫等都有密切的关系。

活细胞不停地进行新陈代谢作用，它必须不断地与周围环境交换物质，物质通过细胞膜进出细胞。细胞膜是一种选择透过性膜。这种膜可以让水分子自由通过，细胞要选择吸收的离子和小分子也可以通过，而其他的离子、小分子和大分子则不能通过。

（二）细胞壁

植物细胞在细胞膜的外面还有一层细胞壁，它的化学成分主要是纤维素和果胶。细胞壁对于植物细胞有支持和保护作用。

（三）细胞质

在细胞膜以内、细胞核以外的原生质，叫作细胞质。活细胞中的细胞质处于不断流动的状态，细胞质主要包括细胞质基质和细胞器，细胞质内呈液态的部分是基质，含有水、无机盐离子、脂质、糖类、氨基酸和核苷酸等，还有很多种酶。细胞质基质是活细胞进行新陈代谢的主要场所。在细胞质基质中有线粒体、叶绿体、内质网、核糖体、高尔基体和中心体等细胞器。每种细胞器都有一定的结构和功能。

1.线粒体

线粒体普遍存在于植物细胞和动物细胞中，它是活细胞进行有氧呼吸的主要场所。现在知道，细胞生命活动所必需的能量,大约95%来自线粒体。因此,有人把线粒体叫作细胞内供应能量的“动力工厂”。

光学显微镜下看到的线粒体呈粒状、棒状。在电子显微镜下观察到的线粒体是由内外两层膜构成的(图4-5)。外膜使线粒体与周围的基质分开。内膜的某些部位向线粒体的内腔折叠,形成嵴。嵴使内膜的表面积大大增加。嵴的周围充满着液态的基质。线粒体的内膜上分布着许多小颗粒,叫作基粒。在内膜、基质和基粒中,有许多种与有氧呼吸有关的酶。线粒体内还有少量的RNA和DNA。

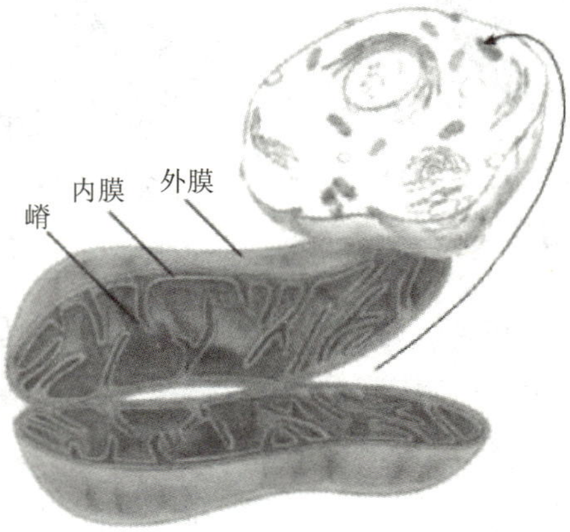

图4-5 线粒体的结构示意图

2.叶绿体

叶绿体主要存在于植物的叶肉细胞里。它含有叶绿素和类胡萝卜素,还含有蛋白质、脂质、少量的RNA和DNA。叶绿体是植物进行光合作用的细胞器。因此,有人把它比喻为“养料制造工厂”和“能量转换站”。

在光学显微镜下观察高等植物细胞中的叶绿体,可以看到它一般呈扁平的椭球形或球形。在电子显微镜下观察,可以看到叶绿体的外面有双层膜,它的内部含有几个到几十个基粒(图4-6)。每个基粒是圆柱形的,由10~100个片层结构重叠而成,叶绿体内含有的叶绿素等色素就分布在片层结构的薄膜上。叶绿体内的基粒与基粒之间,充满着基质。在片层结构的薄膜上和叶绿体内的基质中,含有光合作用所需要的酶。基质中还含有少量的DNA。

3.内质网

绝大多数植物和动物的细胞内都有内质网(图4-7)。内质网增大了细胞内的膜面积,膜上附着有很多种酶,为细胞内各种化学反应的正常进行提供了有利条件。内质网与蛋白质、脂质和糖类的合成有关,也是蛋白质等的运输通道。

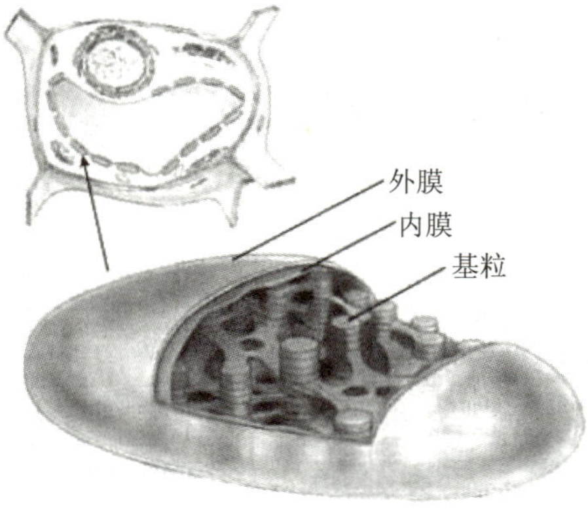

图4-6 叶绿体立体结构模式图

图4-7 内质网结构模式图

4.高尔基体

高尔基体普遍存在于植物细胞和动物细胞中。一般位于细胞核附近的细胞质中(图 4-8)。一般认为,植物细胞中的高尔基体与细胞壁的形成有关,动物细胞中的高尔基体与细胞分泌物的形成有关。

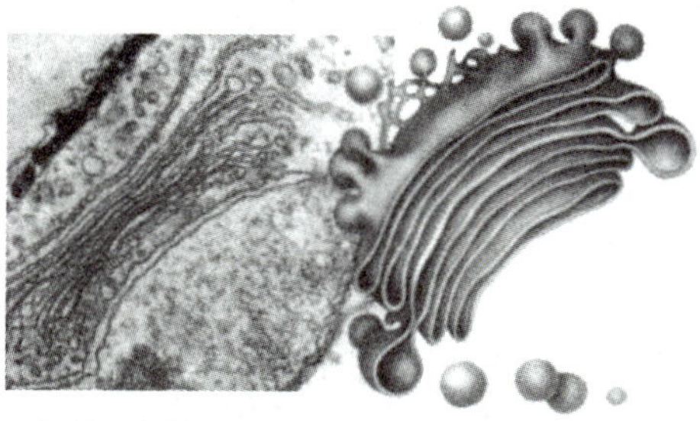

左侧是电镜下亚显微结构;右侧是结构示意

图 4-8　高尔基体结构图

5.中心体

动物细胞和低等植物细胞中都有中心体,它总是位于细胞核附近的细胞质中,接近于细胞的中心,因此叫作中心体。在电子显微镜下可以看到,每个中心体含有两个中心粒,这两个中心粒互相垂直排列。动物细胞的中心体与细胞的有丝分裂有关。

6.液泡

液泡是植物细胞质中的泡状结构(图 4-9)。成熟的植物细胞中的液泡很大,可占据整个细胞体积的 90%。

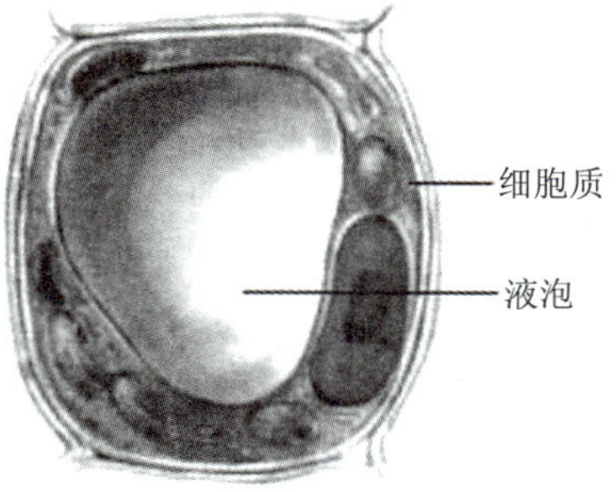

图 4-9　植物细胞的液泡模式图

由上述内容可以知道,细胞质基质是活细胞进行新陈代谢的主要场所。在活细胞完成各种生命活动的过程中,细胞质基质和细胞器是相互协调的,各种细胞器之间也是密切联系的。

(四)细胞核

真核细胞绝大多数都有细胞核。每个真核细胞通常只有一个细胞核。细胞核的形状,最常见的是球形、卵形的。细胞核的直径一般在 7 μm 左右。

细胞核的主要结构有核膜、核仁和染色质等(图 4-10)。

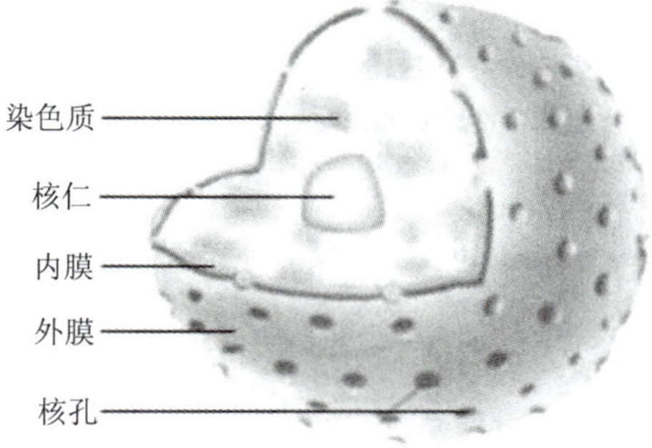

图 4-10　细胞核结构模式图

核膜包围在细胞核的外面，由内外两层膜构成，把细胞质与核内的物质分开。在核膜上有许多小孔，叫作核孔。核孔是细胞核和细胞质之间进行物质交换的孔道。某些大分子物质可以自由通过核孔而进入细胞质内，如细胞核内的信使 RNA。

离子和比较小的分子，如氨基酸和葡萄糖，可以通透核膜。在核膜上有大量的多种的酶，这有利于各种化学反应的顺利进行。

在大多数真核细胞分裂间期细胞核内，核仁是最显著的结构，因为它的折光性较强，与细胞的其他结构很容易区分。核仁通常是匀质的球形小体。在细胞有丝分裂过程中，核仁周期性地消失和重建。

染色质这个名词最早是德国生物学家瓦尔德尔提出来的，主要是指细胞核内容易被碱性染料染成深色的物质，因此叫作染色质。染色质主要由 DNA 和蛋白质组成。

在细胞分裂间期的细胞核中，染色质呈细长的丝状，并且交织成网状，这是细胞间期遗传物质存在的特定形态。当细胞进入分裂期时，每条染色质细丝就高度螺旋化，缩短变粗，成为一条圆柱状或杆状的染色体，在有丝分裂结束时，细胞中的染色体逐渐解开螺旋，然后又恢复到细丝状染色质的形态。这是细胞分裂期遗传物质存在的特定形态。因此，染色质和染色体是细胞中同一种物质在不同时期的两种形态。

细胞核是遗传物质储存和复制的场所，是细胞遗传特性和细胞代谢活动的控制中心，因此，它是细胞结构中最重要的部分。细胞核在细胞生命活动中起着决定性的作用。

二、原核细胞

【观察与思考】

图 4-11、图 4-12 分别是细菌和蓝藻细胞结构模式图。

思考：原核细胞和真核细胞的主要区别？

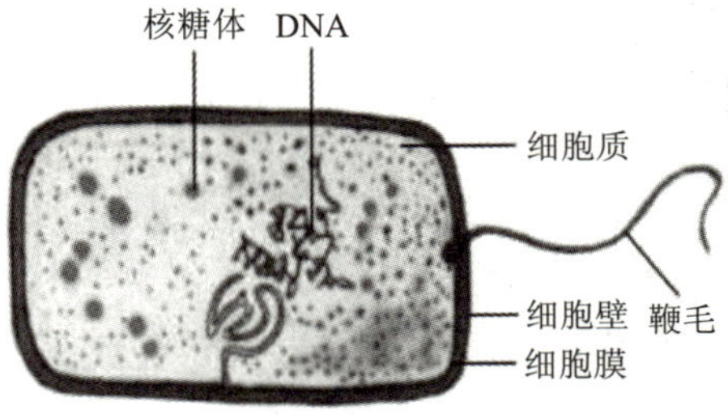

图 4-11　细菌模式图

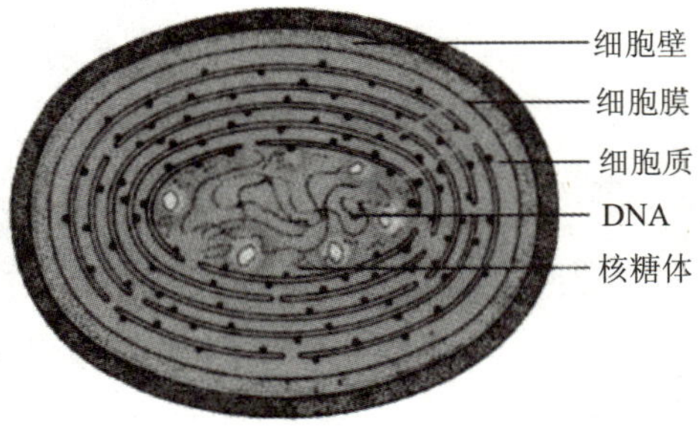

图 4-12　蓝藻模式图

细菌和蓝藻等原核生物是由原核细胞构成的。原核细胞的结构比较简单，与真核细胞相比，在形态结构上有许多区别。原核细胞最主要的特点是没有由核膜包围的典型的细胞核。

原核细胞没有像真核细胞那样的典型的细胞核，而是在细胞内的一个区域内有丝状的 DNA 分子，但是没有核膜包围这个区域，这里是遗传物质储存和复制的场所，相当于真核细胞的细胞核的功能，因此叫作核区。原核细胞内的 DNA 分子上不含蛋白质成分，所以它没有真核细胞所具有的染色体。

细胞的各个部分不是彼此孤立的，而是互相联系、协调一致的，实际上一个细胞就是一个有机的统一整体。细胞只有保持完整性，才能够正常地完成各项生命活动。

【知识巩固】

一、选择题

1. 构成细胞膜的物质是(　　)。

A. 蛋白质分子和磷酸分子　　B. 蛋白质分子和核酸分子

C. 蛋白质分子和磷脂分子　　D. 脂质分子和糖分子

2.为动物细胞的生命活动供给能量的细胞器是(　　)。

A.核糖体　B.中心体　C.叶绿体　D.线粒体

3.组成染色质和染色体的主要物质是(　　)。

A.DNA 和 RNA　B.蛋白质和 DNA　C.蛋白质和 RNA　D.DNA 和脂类

第三节　细胞的分裂

【探索活动】

1.用滴管吸一些酵母菌培养液滴一滴在载玻片上,然后盖上载玻片,并在显微镜下观察。

2.先用低倍镜仔细观察视野中的细胞,找到两个相互连在一起的细胞,把目标移到视野的正中央,然后换用高倍镜观察。如图 4-13。

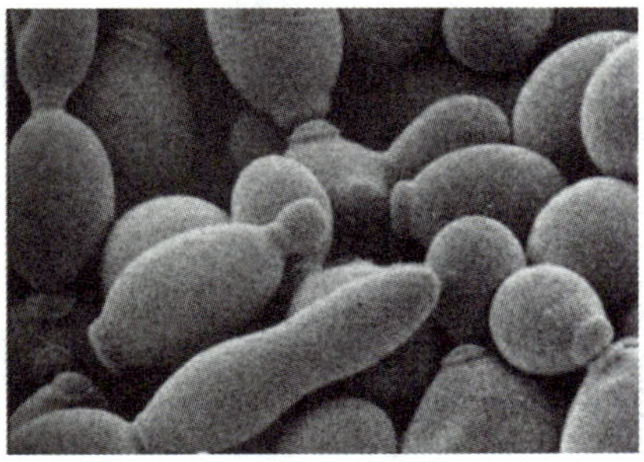

图 4-13　酵母菌细胞

讨论:如何解释我们看到的两个连在一起的细胞?

细胞生长到一定的阶段,就要进行分裂。细胞分裂方式有三种:无丝分裂、有丝分裂、减数分裂。关于减数分裂将在以后的章节中学习。

一、无丝分裂

细胞无丝分裂的过程比较简单,一般是细胞核先延长,从核的中部向内凹进,缢裂成为两个细胞核;接着,整个细胞从中部缢裂成两部分,形成两个子细胞。因为在分裂过程中没有出现纺锤丝和染色体的变化,所以叫作无丝分裂。如草履虫的无丝分裂(图 4-14)。

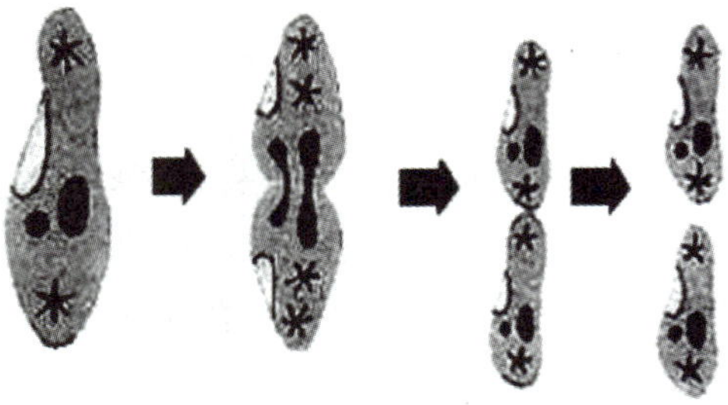

图 4-14　草履虫的无丝分裂

二、有丝分裂

有丝分裂是细胞分裂的主要方式。大多数植物和动物的体细胞以有丝分裂的方式增加数目。

细胞进行有丝分裂，具有一定的周期性。细胞周期是指连续分裂的细胞，从一次分裂完成时开始，到下一次分裂完成时为止，这是一个细胞周期。一个细胞周期包括两个阶段：分裂间期和分裂期。

在一个细胞周期内，这两个阶段所占的时间相差较大，一般分裂间期占细胞周期的90%～95%；分裂期大约占细胞周期的5%～10%。细胞的种类不同，一个细胞周期的时间也不相同。

用光学显微镜观察分裂间期的细胞，往往看不出细胞有什么明显的变化，细胞似乎是静止的，其实不然，而是细胞内部发生着很复杂的变化，主要是完成组成染色体的DNA分子的复制和有关蛋白质的合成。其结果是，每条染色体都形成两条完全一样的姐妹染色单体。但是，这时候的每条姐妹染色单体是一条长的细丝，呈染色质的形态。这时候，染色体上的着丝点还是一个，没有分裂开来。

在细胞的分裂期，细胞核明显地发生着连续变化，它的变化过程主要是：染色体和纺锤体的出现，然后染色体平均分配到两个子细胞中去。为了研究的方便，人为地把分裂期又分为四个时期：前期、中期、后期、末期。下面以高等植物细胞为例来讲述有丝分裂的过程（图4-15）。

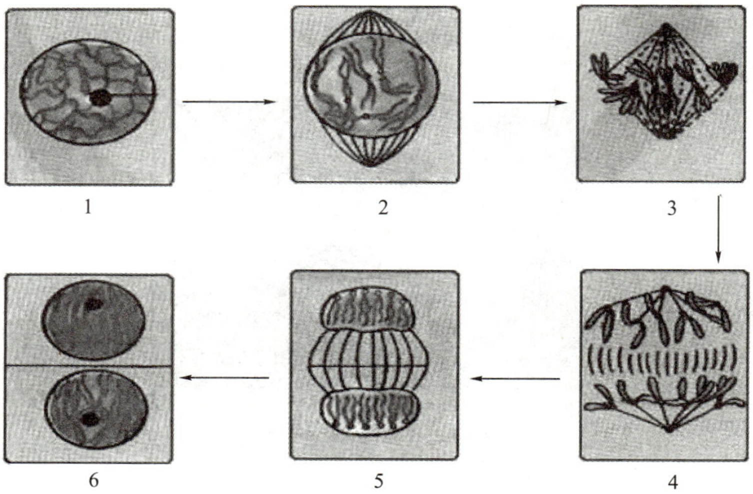

1. 间期　2. 前期　3. 中期　4. 后期　5. 末期　6. 末期

图4-15　植物细胞的有丝分裂

1.前期

细胞分裂的前期，最明显的变化是细胞核中出现染色体。分裂间期复制的染色体，由于螺旋缠绕在一起，逐渐缩短变粗，形态越来越清晰。在光学显微镜下观察这个时期的细胞，可以看到每一条染色体实际上包括两个并列着的姐妹染色单体，这两条并列的姐妹染色单体之间不是完全分离开的，而是由一个共同的着丝点连接着。

不久，核膜溶解，核仁逐渐消失。同时，从细胞的两极发出许多纺锤丝，纺锤丝纵行排列在细胞的中央，形成一个梭形的纺锤体。这时候，细胞内的染色体散乱地分布在纺锤体的中央。

2.中期

细胞分裂的中期，纺锤体清晰可见。这时候，每条染色体的着丝点的两侧，都有纺锤丝附着在上面，纺锤丝牵引着染色体运动，使每条染色体的着丝点排列在细胞中央的一个平面上。这个平面与纺锤体的中轴相垂直，类似于地球上赤道的位置，所以叫作赤道板。在分裂中期的细胞中，染色体的形态比较固定，染色体的数目比较清晰，因此，观察这个时期的细胞，可以辨认染色体的形态和数目。

3.后期

细胞分裂的后期，每一个着丝点分裂成两个，原来连接在同一个着丝点上的两条姐妹染色单体也随着分离开来，成为两条染色体。由于附着在着丝点上的纺锤丝不断地收缩变短，它牵引着分离开的两条染色体，分别向细胞的两极移动。这样，细胞核内的全部染色体就平均分配到了细胞的两极，使细胞的两极各有一套染色体。这两套染色体的形态和数目是完全相同的，每一套染色体与分裂前的亲代细胞中的染色体的形态和数目也是相同的。

4.末期

当这两套染色体分别到达细胞的两极以后,每条染色体的形态发生变化,又逐渐地变成细长而盘曲的丝。同时,纺锤丝逐渐消失,出现新的核膜和核仁。核膜把染色体包围起来,形成了两个新的细胞核。这时候,在赤道板的位置出现一个细胞板,细胞板由细胞的中央向四周扩展,逐渐形成了新的细胞壁。最后,一个细胞分裂成为两个子细胞。子细胞进入下一个细胞周期的分裂间期的状态。

【观察与思考】

动物细胞有丝分裂(图 4-16)的过程和植物细胞有什么区别呢?

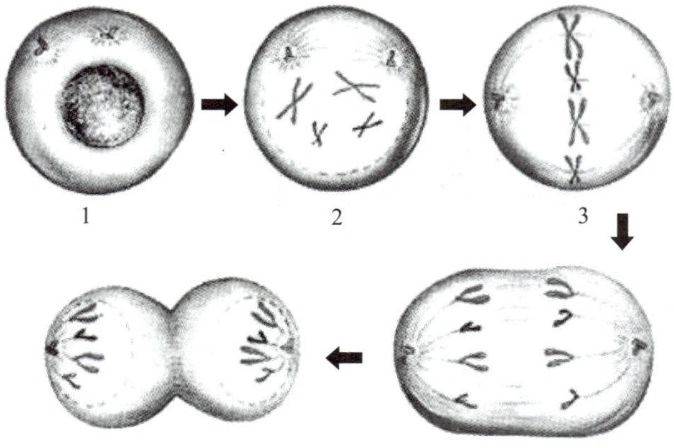

1. 间期　2. 前期　3. 中期　4. 后期　5. 末期

图 4-16　动物细胞的有丝分裂

细胞有丝分裂的重要特征,就是亲代细胞的染色体经过复制以后,平均分配到两个子细胞中去。由于染色体上有遗传物质,因而在生物的亲代和子代之间保持了遗传性状的稳定性。可见,细胞的有丝分裂对于生物的遗传有重要意义。

【知识巩固】

一、选择题

1.细胞分裂过程中,纺锤体清晰可见,染色体形态和数目最清晰的时期是(　　)。

A.细胞分裂的前期　　B.细胞分裂的中期

C.细胞分裂的后期　　D.细胞分裂的末期

2.细胞内的两个姐妹染色单体分开,分别移向两极,从而使细胞两极各有一套染色体,这套染色体的形态和数目与分裂以前的亲代细胞中的染色体的形态和数目相同。这个时期是(　　)。

A.细胞分裂的后期　　B.细胞分裂的中期

C.细胞分裂的末期　　D.细胞分裂的前期

二、简答题

植物细胞有丝分裂的间期和分裂期各有什么特点?

第五章
生物的新陈代谢*

第一节 新陈代谢概述

一、新陈代谢的概念

生物体与外界环境之间物质和能量的交换,以及生物体内物质和能量的转变过程,叫作新陈代谢。在新陈代谢过程中,生物体把从外界环境中摄取的营养物质转变成自身的组成物质,并储存能量,这叫作同化作用(或者叫作合成代谢);同时,生物体又把组成自身的一部分物质加以分解,释放出其中的能量,并把代谢的最终产物排出体外,这叫作异化作用(或者叫作分解代谢)。同化作用和异化作用是新陈代谢过程的两个方面,所以,生物的新陈代谢过程也就是生物体的自我更新过程。

按照生物体同化作用和异化作用方式的不同,新陈代谢的基本类型可以分为以下几种。

(一)同化作用的两种不同类型

按照生物体同化作用方式的不同,生物的新陈代谢的基本类型可以分为自养型和异养型两种。

1.自养型

生物体在同化作用的过程中,能够直接把从外界环境摄取的无机物转变成为自身的组成物质,并储存了能量,这种新陈代谢类型叫作自养型。自养生物在制造有机物的时候,有些是利用光能,通过光合作用来制造有机物的。例如,各种的绿色植物,包括各种的树木花草和水中的藻类。

2.异养型

生物体在同化作用的过程中,不能直接利用无机物制成有机物,只能把从外界摄取的现成的有机物转变成为自身的组成物质,并储存了能量,这种新陈代谢类型叫作异养型。异养生物包括动物和营腐生、寄生生活的菌类。人类的新陈代谢类型也是属于异养型。

(二)异化作用的两种不同类型

按照生物体异化作用方式的不同,生物的新陈代谢的基本类型可以分为需氧型(有氧呼吸型)和厌氧型(无氧呼吸型)两种。

1.需氧型(有氧呼吸型)

生物体在异化作用的过程中,必须不断地从外界环境中摄取氧来氧化分解自身的组成物质,以释放能量,并排出二氧化碳,这种新陈代谢类型叫作需氧型。需氧型生物包括了绝大多数的生物,我们平常所见到的动植物多属于这一类。

2.厌氧型(无氧呼吸型)

生物体在异化作用的过程中,在缺氧的条件下,依靠酶的作用使有机物分解,以获得进行生命活动所需要的能量,这种新陈代谢类型叫作厌氧型。厌氧型生物包括动物体内的寄生虫、乳酸菌等。乳酸菌可以在使葡萄糖分解成为乳酸的过程中获得能量。此外,酵母菌在缺氧条件下,也可以在使葡萄糖分解成为酒精和二氧化碳的过程中获得能量。厌氧型生物的一个主要特征是,在有氧存在时,发酵作用就会受到抑制。

二、新陈代谢与酶

新陈代谢过程是极其复杂的,它包括生物体内全部的化学反应。生物体每时每刻都在进行着成千上万种的化学反应,这么多种的化学反应所以能够顺利而迅速地进行,是因为生物体内具有酶。

1.酶是生物催化剂

酶是活细胞所产生的一类具有生物催化作用的有机物。酶在适宜的温度和其他条件下,能够使生物体内的许多复杂的化学反应顺利而迅速地进行,而酶本身却不发生变化。因此,酶是生物催化剂。

2.酶的特性

酶的催化效率很高(可以比一般的无机催化剂高 10^6 ~ 10^{10} 倍),反应速度很快,少量的酶就可以起到很强的催化作用。例如,1 份淀粉酶就能够催化 100 万份的淀粉,使淀粉水解成麦芽糖。这就是说酶的催化作用具有高效性的特点。

每一种酶只能催化一种或一类物质的化学反应。例如,麦芽糖酶只能催化麦芽糖水解成葡萄糖,而对其他的糖则不起催化作用。这就是说酶的催化作用具有专一性的特点。

酶需要适宜的条件。高温、低温以及过酸、过碱都影响酶的活性。

三、新陈代谢与 ATP

动物和人体的多种生理功能,如肌肉收缩、腺体分泌、维持体温等,都需要消耗能量。能量是推动生物体各种生命活动的动力。不论哪种生物,只有不断地获得能量,才能生活下去。生物体的细胞内普遍存在着一种含有高能量的有机化合物——三磷腺苷,它是生物体各种生命活动所需能量的直接来源。

1.ATP 的分子简式

三磷腺苷,简称 ATP。其中的 A 代表腺苷,T 代表三个,P 代表磷酸基团。ATP 的分子式可以简写成 A—P~P~P,简式中的~代表高能磷酸键,ATP 分子中大量的化学能就储存在高能磷酸键内。

2.ATP 与 ADP 的相互转变

ATP 分子中远离 A 的那个高能磷酸键,在一定条件下很容易水解和重新形成,并且相应地伴随有能量的释放和储存。

$$\text{ATP} \rightleftharpoons \text{ADP} + \text{Pi}(\text{磷酸}) + \text{能量}$$

综上所述,可见伴随着 ATP 与 ADP 的相互转化,存在着能量的释放和储存。ATP 的这一特点,使它与生物体的新陈代谢有着密切的关系。

生物体内 ATP 的含量不多。那么,生物体如何使得 ADP 转变成 ATP,以便保证能量的持续供应呢?对于动物和人来说,ADP 转变成 ATP 时所需的能量主要来自呼吸作用。对于绿色植物来说,ADP 转变成 ATP 时所需的能量,除来自呼吸作用外,还来自光合作用。

由此可知,ATP 和 ADP 在活的细胞中如此无休止地进行循环,就使 ATP 不会因能量的不断消耗而用尽,从而保证了生命活动能够及时地得到能量而顺利地进行。

【知识巩固】

一、填空题

1.生物与非生物的最根本的区别是看它们有没有＿＿＿＿＿＿。合成代谢又叫作＿＿＿＿＿＿＿,分解代谢又叫作＿＿＿＿＿＿＿＿。它们是生物体＿＿＿＿＿＿＿＿过程的两个方面。

2.酶是活细胞所产生的一类具有＿＿＿＿＿＿＿＿的有机物。

3.三磷腺苷的简称是＿＿＿＿＿＿＿＿，它是＿＿＿＿＿＿＿＿所需能量的直接来源。

二、选择题

ATP 的正确的简式是(　　)。

A.A～P—P～P　　B.A—P—P～P　　C.A—P～P～P　　D.A～P～P～P

第二节　生物的物质代谢、能量代谢

一、物质代谢

1.糖类代谢

肠道内的淀粉、麦芽糖分解成葡萄糖被吸收到体内以后，可以发生以下三种变化：一是一部分氧化分解，最后生成二氧化碳和水，并且释放出能量，供生命活动的需要；二是一部分被肝脏、骨骼肌等组织合成糖原；三是还有一部分葡萄糖转变成为脂肪。

【学科综合】

【观察与思考】

图 5-1 中的婴儿是劣质奶粉的受害者。

讨论：为什么会造成这种现象？

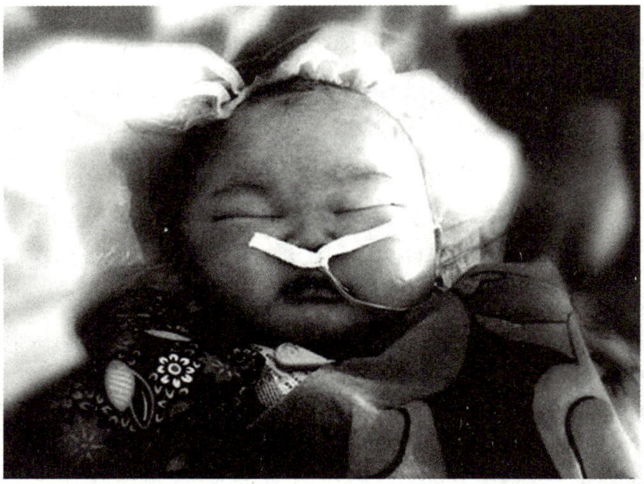

图 5-1　劣质奶粉造成营养不良的婴儿，极度浮肿，睁不开眼睛

2.蛋白质代谢

肠道内的蛋白质分解成各种氨基酸被吸收到体内以后，主要有以下三种变化：一是直接被用来合成各种组织蛋白质（如血浆蛋白、血红蛋白）和各种酶。有些组织蛋白质合成的速度是非常迅速的，例如，老鼠的肝脏被切去 70%以后，在 9～12 天内就可能再生长出来。二是通过氨基转换作用，氨基可以转移给其他化合物，以形成新的氨基酸。三是通过脱氨基作用被分解成为含氮部分（即氨基）和不含氮部分，氨基可以转变成为尿素排出体外，不含氮部分可以氧化分解成为二氧化碳和水，也可以合成为糖类、脂肪。

3.脂质代谢

肠道内的脂质分解成的物质，如甘油和脂肪酸被吸收到体内以后，大部分再转变成脂肪，其余的则以磷脂化合物和胆固醇的形式与脂肪混合在一起被输送到各部分组织。这些吸收进来的脂质可以发生以下四种变化：一是参与构成机体的组织，如磷脂是构成细胞膜和细胞器膜的主要成分；二是在皮下、大网膜、肠系膜等处储存起来；三是再分解成为甘油和脂肪酸等，然后直接氧化分解生成二氧化碳和水，或者转变为肝糖原等；四是被各种腺体利用来生成各自的特殊分泌物，如外分泌腺所生成的乳汁、皮脂等，内分泌腺所分泌的各种类固醇激素等(图 5-2)。

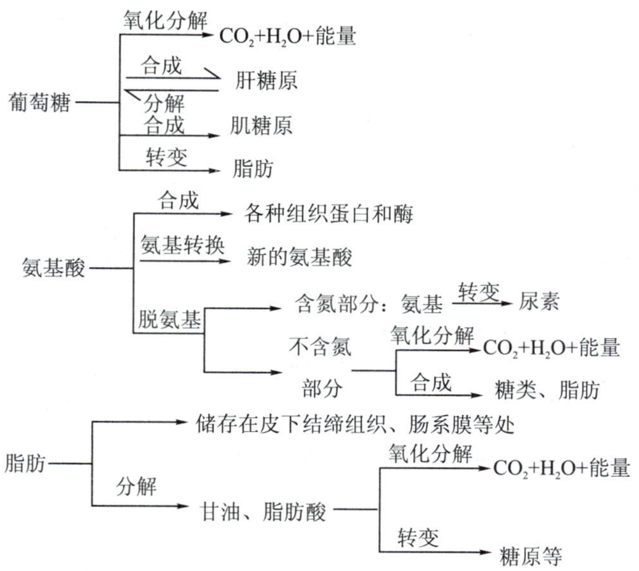

图 5-2　三大营养物质代谢过程

【知识巩固】

一、选择题

1.血糖的主要来源是(　　)。

A.食物中的糖类　B.肝糖原　C.肌糖原　D.甘油

2.人和动物体内的主要能源物质是(　　)。

A.脂质　B.蛋白质　C.ATP　D.糖类

3.下列选项中，属于碳酸饮料所释放出的气体的一项是(　　)。

A.氧气　B.二氧化碳　C.氮气　D.一氧化碳

二、简答题

简述三大营养物质的代谢。

二、能量代谢

能量代谢包括能量的释放、转移和利用等变化。营养物质的吸收和利用，侧重于同化作用，这对于能量的变化来说是一个储能的过程。能量的释放和利用则主要与异化作用有关。

1.能量的释放和转移

动物和人体细胞内的糖类、脂质和蛋白质等有机物中，都含有大量的化学能，当它们在细胞内被氧化分解，生成二氧化碳和水等代谢终产物的时候，它们所含有的能量就释放出来，供生命活动利用。

在上述的三类有机物中，主要的能源物质是糖类。例如，人体在一般情况下，所需要的能量有 70%左右是由糖类供给的。

葡萄糖在体内氧化分解，要经过许多中间步骤，能量是逐步释放出来的。在所释放的能量中，除去一部分以热能的形式散失以外，还有一部分被转移到另外一些化合物中储存起来。这类化合物由于储存了较多的能量，因而叫作高能化合物(如三磷腺苷、磷酸肌酸)。在这类高能化合物中，与动物和人体的能量转移、利用关系最密切的是三磷腺苷(ATP)，因为动物和人体进行各项生命活动所能利用的能量几乎全部是靠它来转移的。

2.能量的利用

动物和人体进行的各项生命活动，例如肌肉收缩、神经传导和生物电、合成代谢、吸收和分泌，等等，所需要的能量都是由 ATP 水解成为 ADP 时释放出来的。

还要说明一点，ATP 虽然在动物和人体的细胞中普遍存在，但是含量不大，当能量由于大量消耗而使细胞中 ATP 的含量过分减少时，细胞内的其他高能化合物（如磷酸肌酸）就释放出所储存的能量，供 ADP 合成为 ATP。

综上所述，关于动物和人体内能量的释放、转移和利用，可以参看下面的图解（图 5-3）：

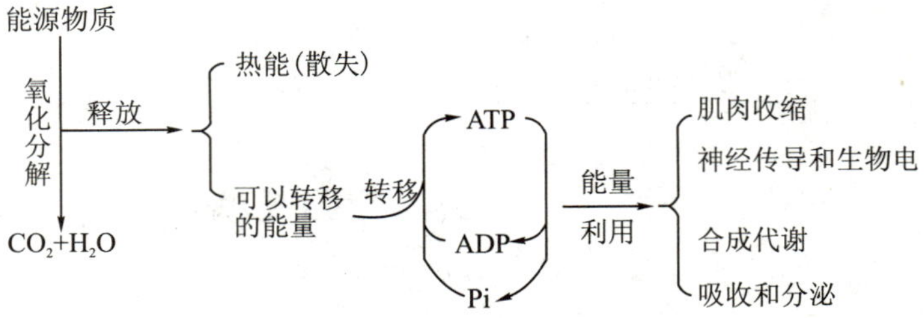

图 5-3　能量的释放、转移和利用

第六章
生物的遗传和变异

生物的子代和亲代相似的现象叫遗传。生物的子代与亲代之间以及子代不同个体之间存在差异的现象叫变异。遗传和变异是生物体的基本特征之一。

第一节　遗传的细胞学基础

生物为什么会表现出遗传和变异的现象呢？这与生物的生殖过程有关。我们先来看生物的生殖类型。

一、生殖的类型

生物的生殖类型可分为无性生殖和有性生殖两大类。

1.无性生殖

我们了解到酵母菌有出芽生殖（图 6-1）、真菌有孢子生殖（图 6-2）、被子植物有营养生殖（图6-3）等，都是由生物体的身体或身体的一部分产生新个体，像这样，不经过两性生殖细胞的结合，由母体直接产生出新个体的生殖方式叫无性生殖。常见的无性生殖方式如表 6-1 所示。

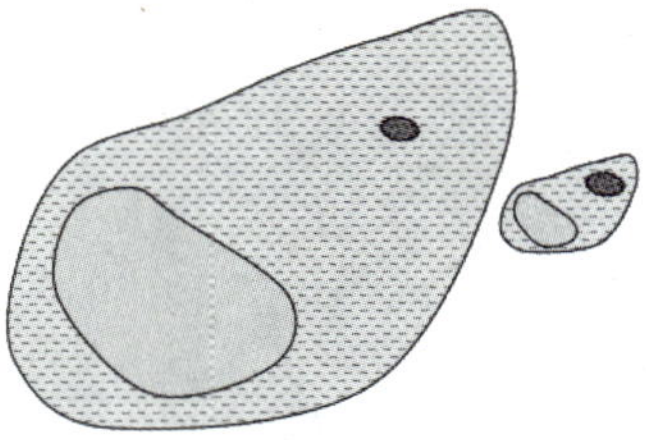

图 6-1　酵母菌的出芽生殖

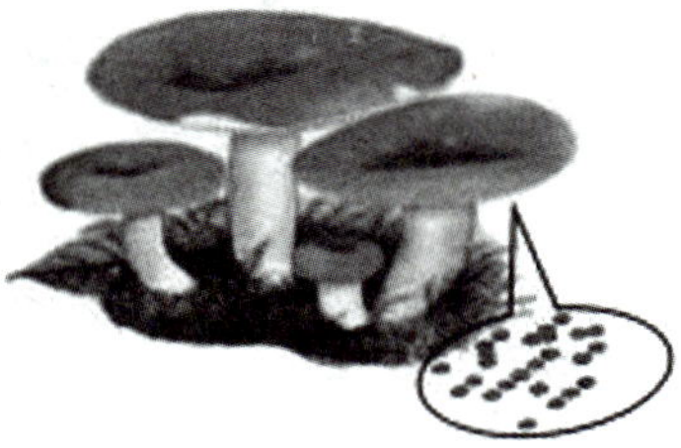

图 6-2　真菌的孢子生殖

图 6-3　草莓的营养生殖

表 6-1　几种常见的无性生殖方式

生殖方式	概　念	举　例
分裂生殖	由一个生物体直接分裂成为两个新个体。这两个新个体，大小和形状基本相同	变形虫、草履虫、细菌
出芽生殖	在母体的一定部位上长出芽体。芽体长大以后，从母体上脱落下来，成为与母体一样的新个体	酵母菌、水螅
孢子生殖	真菌和一些植物，能够产生一种无性的生殖细胞——孢子。孢子在适宜的环境条件下能萌发并长成新植株	青霉、曲霉、蘑菇
营养生殖	植物体营养器官（根、茎、叶）的一部分，在脱离母体后，能够发育成为一个新个体	马铃薯块茎、草莓的匍匐茎

2.有性生殖

自然界大多数种类的生物是进行有性生殖的。由亲本产生有性生殖细胞(如卵细胞和精子),经过两性生殖细胞的结合,成为合子(如受精卵),再由合子发育成为新个体的生殖方式,叫作有性生殖。在有性生殖中,由于两性生殖细胞分别来自不同的亲本,因此,由它们结合产生的后代具备了双亲的遗传特性,具有更强的生活能力和变异性。所以,研究生殖细胞的形成过程是揭开生物遗传和变异奥秘的关键。

二、减数分裂和有性生殖细胞的形成

1.减数分裂概念

进行有性生殖的生物,在产生成熟生殖细胞(如动物的精原细胞或卵原细胞)时进行的染色体数目减半的细胞分裂。在减数分裂过程中,染色体只复制一次,而细胞分裂两次。减数分裂的结果是,新产生的生殖细胞中的染色体数目,比原始的生殖细胞中染色体数目减少了一半。

下面结合哺乳动物精子和卵细胞的形成,讲述减数分裂的过程。

2.精子的形成过程

哺乳动物的精子是在精巢中形成的。人和其他哺乳动物的精子是在睾丸中形成的。睾丸里有许多弯曲的曲细精管(图 6-4)。精巢中有许多原始生殖细胞叫作精原细胞。每个精原细胞中的染色体数目都与体细胞相同。当雄性动物性成熟后,睾丸里的一部分精原细胞就开始进行减数分裂,经过两次连续的细胞分裂——减数第一次分裂和减数第二次分裂,就形成了成熟的生殖细胞——精子 (图 6-5)。

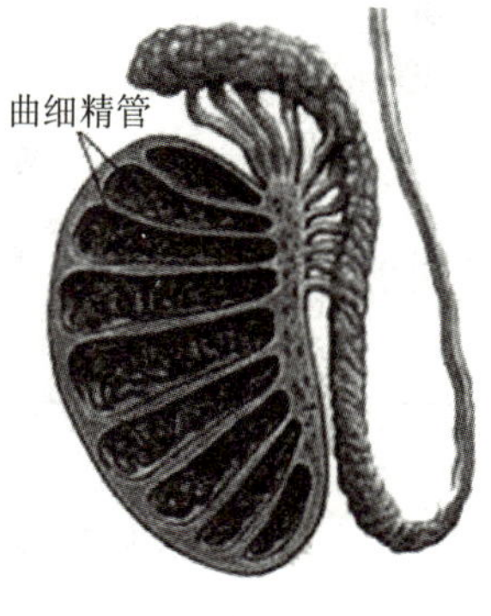

图 6-4　人的曲细精管

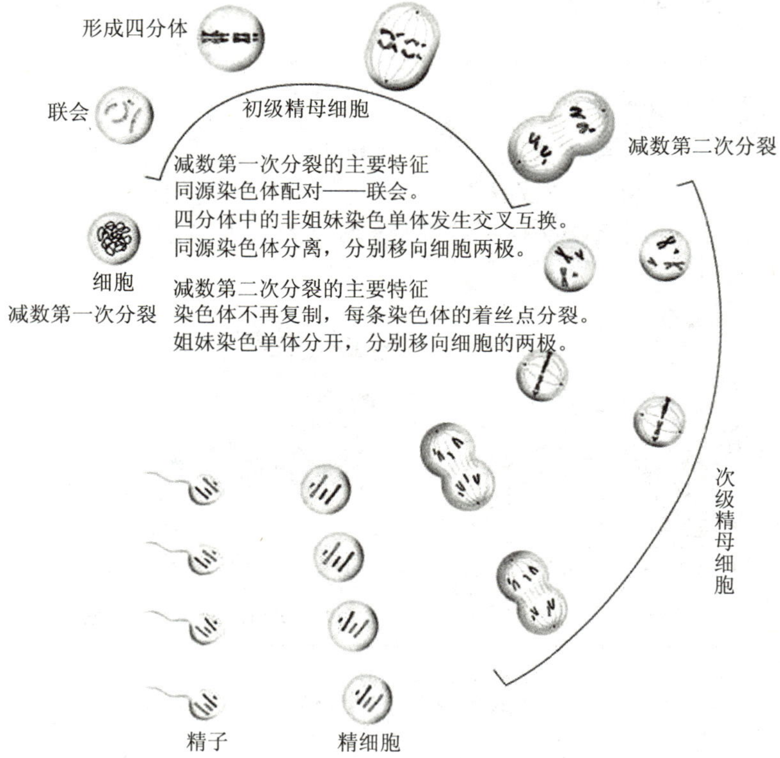

图 6-5　哺乳动物的精子形成过程

在减数第一次分裂间期,精原细胞的体积略微增大,染色体进行复制,成为初级精母细胞。复制后的每条染色体都含有两条姐妹染色单体,这两条姐妹染色单体并列在一起,由同一个着丝点连接着,呈染色质形态。

讨论:图 6-8 中所示的精原细胞中有几条染色体?那么,该动物的体细胞中有几条染色体?初级精母细胞中有几条染色体?有几条染色单体?

分裂期开始后不久,初级精母细胞中最显著的变化是原来分散存在染色体进行配对。配对的两条染色体,形状和大小一般都相同,一条来自父方,一条来自母方,叫作同源染色体,同源染色体两两配对的现象就叫作联会。这时,由于每一条染色体都含有两条姐妹染色单体,因此,联会后的每对同源染色体就含有四条染色单体,叫作四分体(四分体中的非姐妹染色单体之间常常发生交叉,并且相互交换一部分染色体,这在遗传学上有着重要意义)。

随后,各对同源染色体排列在细胞的赤道板上,每条染色体的着丝点都附着在纺锤丝上。不久,在纺锤丝牵引下,配对的同源染色体彼此分离,分别向细胞的两极移动,成为新的两组染色体。这样,细胞的每个极只得到各对同源染色体中的一条。在两组染色体到达细胞两极的同时,细胞分裂为两个子细胞,也就是说,一个初级精母细胞分裂成了两个次级精母细胞。

在这次分裂过程中,由于同源染色体相互分离,分别进入不同的子细胞中去,使得每个次级精母细胞只得到初级精母细胞中染色体总数的一半。因此,减数分裂过程中染色体数目的减半,发生在减数第一次分裂中。

减数第一次分裂结束后,紧接着开始减数第二次分裂。这时候,在次级精母细胞中,每条染色体的着丝点分开,两条姐妹染色单体也随着分开,成为两条染色体。在纺锤丝的牵引下,这两条染色体分别向细胞的两极移动,并且随着细胞的分裂,进入两个子细胞中。这样,在减数第一次分裂中形成的两个次级精母细胞,经过减数第二次分裂,就形成了四个精细胞。与初级精母细胞相比,每个精细胞都含有数目减半的染色体。精细胞再经过一系列的形态变化,形成精子。

讨论:精子中的染色体数目和次级精母细胞中的相比如何?在减数数第二次分裂过程中,染色体数目有无变化?

3.卵细胞的形成过程

人和其他动物的卵细胞是在卵巢(图 6-6)中形成的,它的形成过程与精子基本相同。它们之间的主要区别是:初级卵母细胞经过减数第一次分裂,形成了一个较大的次级卵母细胞和一个较小的极体。次级卵母细胞进行减数第二次分裂,形成了一个卵细胞和另一个极体。与此同时,在减数第一次分裂过程中形成的极体也分裂成两个极体。这样,一个初级卵母细胞经过两次分裂后,就形成了一个卵细胞和三个极体。卵细胞和极体中都含有数目减半的染色体,不久,三个极体都退化消失了,结果是一个卵原细胞经过减数分裂,只形成一个卵细胞(图 6-7)。

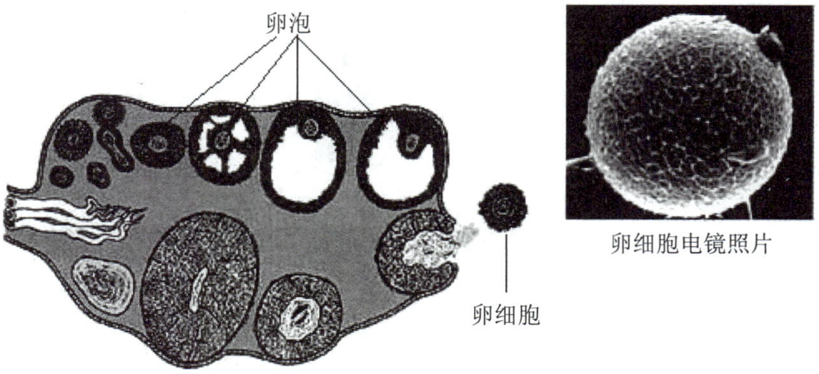

图 6-6　人的卵巢和卵细胞

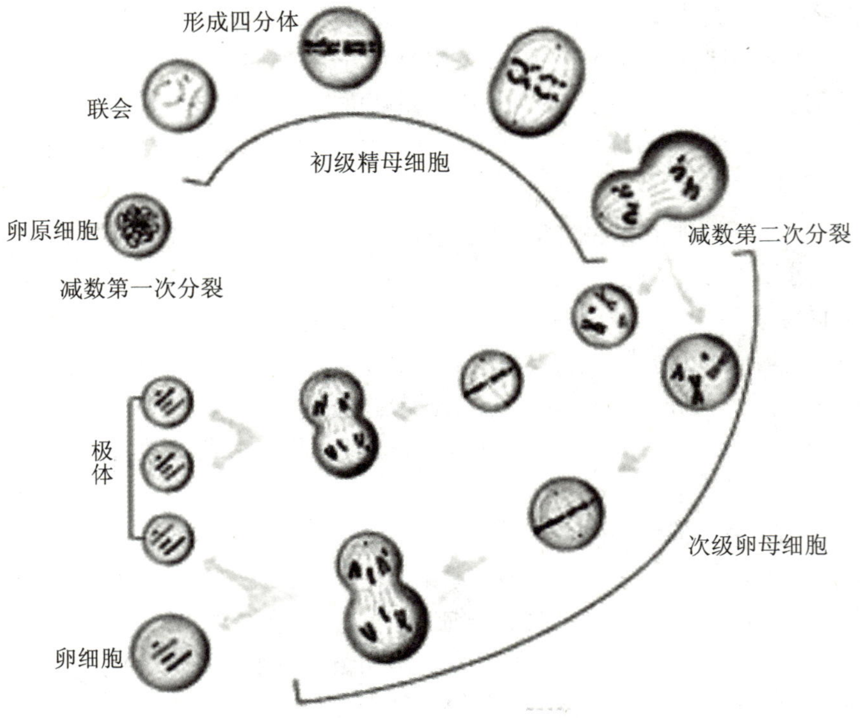

图 6-7　哺乳动物卵细胞的形成过程

讨论：在动物的精子或卵细胞中还存在同源染色体吗？来自同一个精原细胞的精子，它们的遗传物质是否完全相同？为什么？

由上所述，减数分裂的过程可以由图 6-8 概括：

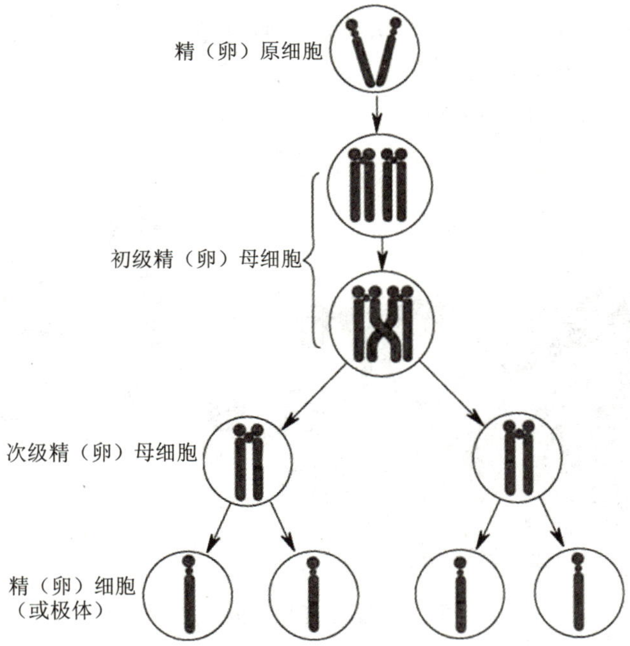

图 6-8　减数分裂图解

三、受精作用

受精作用是指精子与卵细胞结合成受精卵（合子）的过程。在受精作用进行时，通常是精子的头部进入卵细胞，尾部留在外面（图 6-9）。在受精的卵细胞内，精子的细胞核和卵细胞的细胞核结合一起。

这样，受精卵中的染色体数目又恢复到体细胞中的数目，其中有一半染色体来自精子（父方），另一半来自卵细胞（母方）。由此可见，对于进行有性生殖的生物来说，减数分裂、受精作用对于维持每种生物前后代细胞中染色体数目的恒定，对于生物的遗传和变异，都是十分重要的。

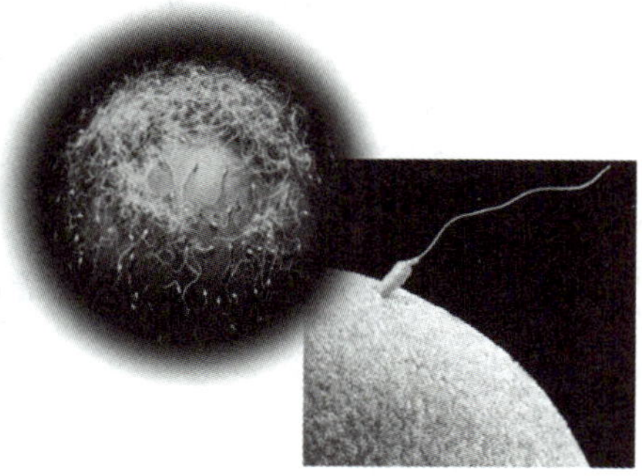

图 6-9　人的精子开始进入卵细胞

【知识巩固】

一、判断题

1.在减数分裂过程中，染色体数目减半发生在减数第一次分裂。(　　)

2.每个原始生殖细胞经过减数分裂都形成 4 个成熟的生殖细胞。(　　)

二、填空题

1.生物的生殖方式有__________和__________。苹果树的嫁接属于__________。

2.在减数分裂过程中，细胞连续分裂__________次，而染色体只复制__________次。__________的形成都要经过减数分裂。

3.__________和__________结合为受精卵的过程，叫作__________。受精卵中的染色体数目等于__________和__________中染色体数目的总和。

三、选择题

1.在减数分裂进程中，每条染色体的着丝点一分为二，两条姐妹染色单体形成两条染色体发生在(　　)。

A.减数第一次分裂前期　　B.减数第一次分裂后期

C.减数第二次分裂前期　　D.减数第二次分裂后期

2.减数分裂中染色体减半的原因是(　　)。

A.细胞连续分裂两次，染色体复制一次　　B.细胞分裂一次，染色体复制两次

C.细胞分裂一次，染色体复制一次　　D.细胞连续分裂两次，染色体复制两次

四、简答题

如图画的是减数分裂过程中某一时期的染色体，请据此图回答下列问题：

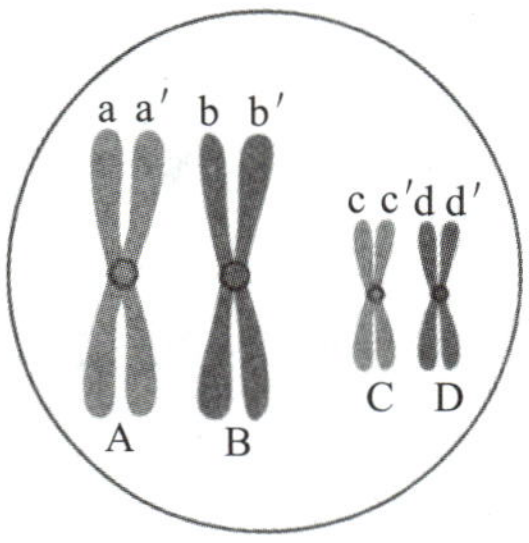

(1)图中所示的是减数分裂过程中的哪一次分裂?

(2)图中有几条染色体?几条染色单体?几个四分体?

(3)图中有几对同源染色体,它们各是由哪两条染色体组成的?

(4)图中哪些是姐妹染色单体?哪些是非姐妹染色单体?

(5)在形成配子时,哪些染色体要分离?哪些染色体可以自由组合在一起?

(6)如果一个细胞中只有图中画的这几条染色体,那么,这个细胞在减数分裂完成以后,子细胞中有几条染色体?

第二节　遗传的物质基础

20 世纪中叶,科学家发现染色体主要是由蛋白质和 DNA 组成的。那么,在这两种物质中,究竟哪一种是遗传物质?遗传物质具有什么样的结构和功能呢?在生物的遗传过程中,遗传物质是怎样发挥作用的呢?

一、DNA 是主要的遗传物质

科学家通过许多确凿的实验证明:生物体内主要的遗传物质是 DNA,而不是蛋白质。其中,著名的实验有格里菲思的肺炎双球菌转化实验和艾弗里的实验。

1928 年,英国科学家格里菲思用小鼠作为实验材料,研究肺炎双球菌致病过程。当时,他用了两种不同类型的肺炎双球菌。一种叫 R 型细菌,是无毒性的菌落表面粗糙的球菌;另一种叫 S 型细菌,是有毒性的菌落表面光滑的球菌,可以使人患肺炎或使小白鼠患败血症。他的实验过程如图 6-10。

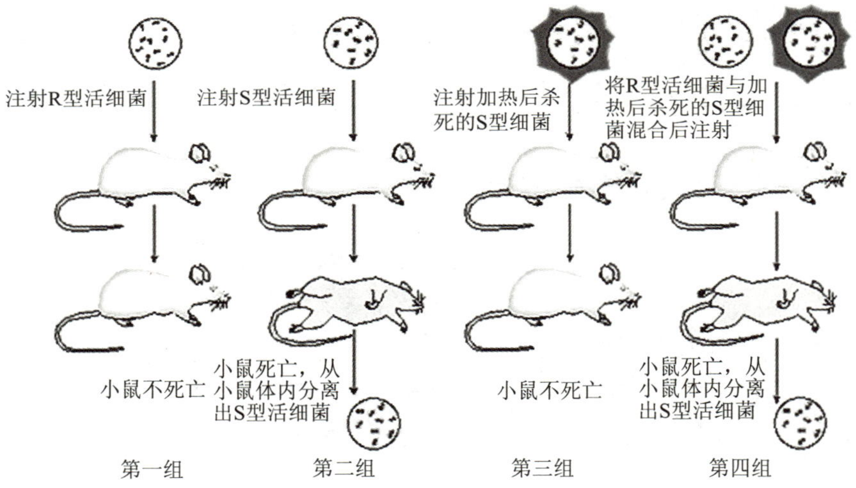

图 6-10　肺炎双球菌的转化实验

格里菲思从第四组实验的小鼠尸体上分离出了有毒性的 S 型活细菌。这表明无毒性的 R 型活细菌与被加热杀死的 S 型细菌混合后,转化为有毒性的 S 型活细菌,而且这种 S 型活细菌可以将这种性状遗传给后代。于是,格里菲思推测:一定有一种转化因子,将无毒性的 R 型活细菌转化为有毒性的 S 型细菌。但这种物质是什么呢?

直到 1944 年,美国科学家艾弗里和他的同事们,从 S 型活细菌中提取出了 DNA、蛋白质和多糖等物质,然后将它们分别加入培养 R 型细菌的培养基中(图 6-11),结果发现只有加入 DNA,R 型细菌才能够转化为 S 型细菌。因此,转化因子就是 DNA。DNA 不仅能使 R 型无毒细菌转化为 S 型有毒细菌,而且这种 S 型有毒细菌产生的后代也是有毒的,从而证明 DNA 是遗传物质。

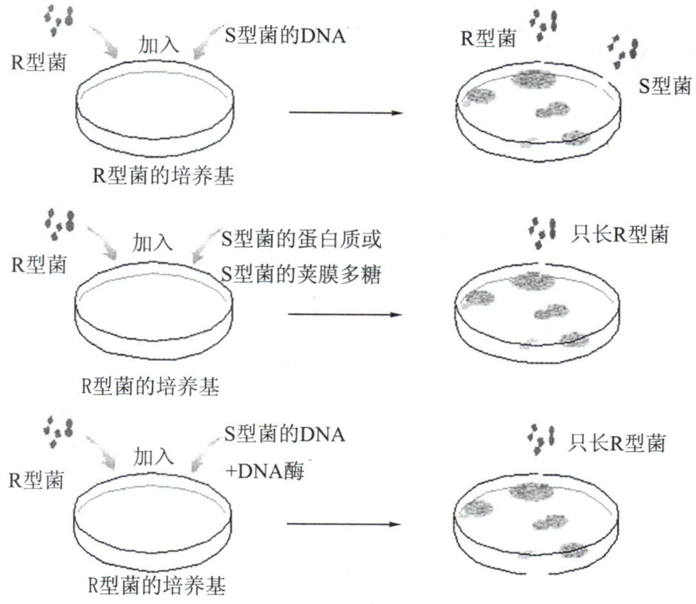

图 6-11　艾弗里转化实验(体外转化)

现代科学研究证明,有些病毒生物体内不含 DNA,只有蛋白质和 RNA,如烟草花叶病毒,起遗传作用的就是 RNA。因此,遗传物质除 DNA 外,还有 RNA。由于绝大多数生物的遗传物质是 DNA,所以说 DNA 是主要的遗传物质。那么,基因是什么呢?基因等同于 DNA 吗?基因与 DNA 究竟是什么关系?科学家经过大量的研究证明:DNA 分子上分布着多个基因,基因是有遗传效应的 DNA 片段,而且基因位于染色体上。

二、DNA 的结构和复制

20 世纪 40—50 年代,科学家已经知道 DNA 是遗传物质,但是 DNA 是怎样储存遗传信息的?怎样决定生物的性状的?要弄清这些问题,首先需要研究 DNA 的结构。1953 年,美国生物学家沃森和英国物理学家克里克合作研究(图 6-12),共同提出了 DNA 分子的双螺旋结构模型(图 6-13)。

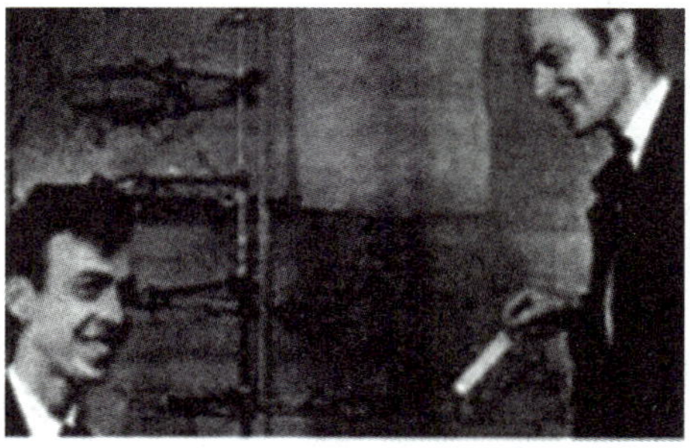

图 6-12　沃森(左)和克里克研究图

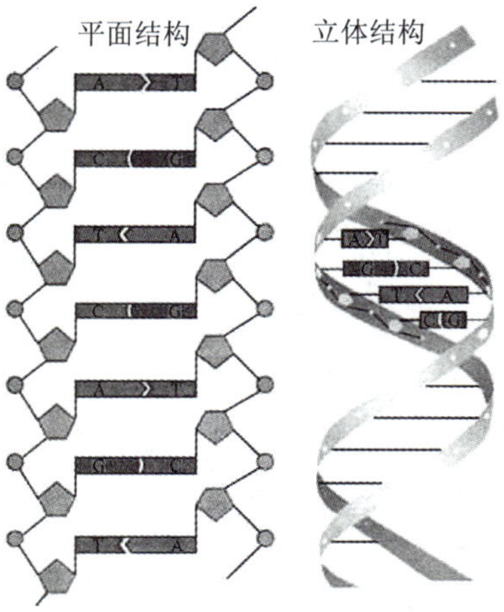

图 6-13　DNA 分子的结构模式图

DNA 分子结构的主要特点是:

(1)DNA 分子是由两条链组成的,这两条链按反向平行方式盘旋成双螺旋结构。

(2)DNA 分子中的脱氧核糖和磷酸交替连接,排列在外侧,构成基本骨架;碱基排列在内侧。

(3)两条链上的碱基通过氢键连接成碱基对。碱基是由氮元素和其他元素结合形成的一类分子,它有四种类型,分别是腺嘌呤(A)、胸腺嘧啶(T)、鸟嘌呤(G)、胞嘧啶(C)。并且碱基配对有一定的规律:

这就是A(腺嘌呤)一定与T(胸腺嘧啶)配对,G(鸟嘌呤)一定与C(胞嘧啶)配对。碱基之间这种一一对应的关系,叫作碱基互补配对原则。

从DNA分子的结构模式图中可以看出,DNA的基本单位是脱氧核苷酸(图6-14)。

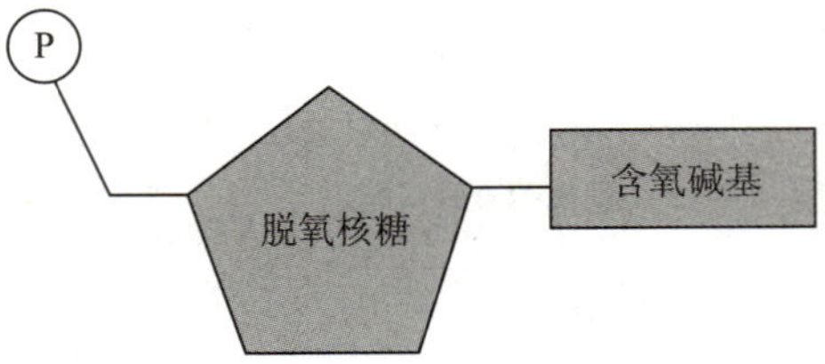

图6-14　DNA的基本单位脱氧核苷酸

由于组成DNA的碱基只有四种,它们分别与一分子磷酸,一分子五碳糖结合,构成了四种脱氧核苷酸。

沃森和克里克在提出DNA分子双螺旋结构之后,又提出了遗传物质复制的机理。DNA分子的复制是指以亲代DNA分子为模板合成子代DNA的过程。这一过程是在细胞有丝分裂的间期和减数第一次分裂的间期,随着染色体的复制而完成的。

DNA复制开始,首先是在有关酶的作用下将链解开(解旋)。如图6-15所示,分子从成对的碱基中间分开。然后,在另一些酶的作用下,游离在细胞核中的4种脱氧核苷酸按照碱基配对原则(即A—T,G—C)与每条DNA侧链上的碱基配对。随着解旋过程的进行,新合成的子链也不断地延伸,最终形成两个与原来完全相同的DNA分子,通过细胞分裂分配到两个子细胞中去,使遗传信息从亲代传给子代,从而保持了遗传信息的连续性。

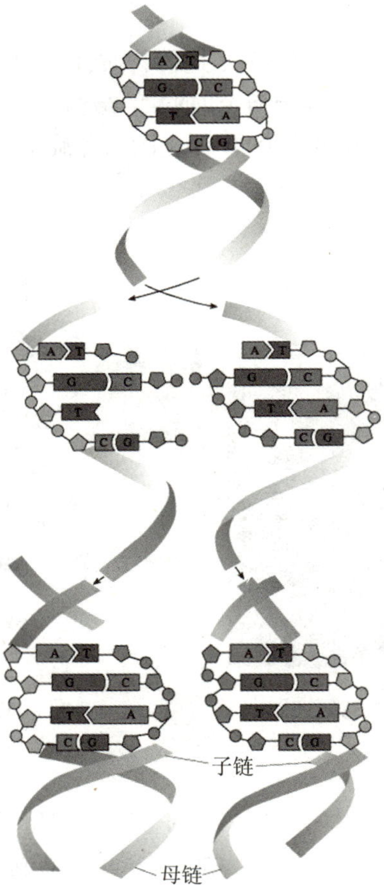

图6-15　DNA分子的复制

三、基因的表达——性状

我们已经知道，基因是具有遗传效应的 DNA 片段，是决定生物性状的基本单位，并且位于染色体上。每一条染色体只含有一个 DNA 分子，每个 DNA 分子上有很多个基因，每个基因又可以含有成百上千个脱氧核苷酸，如图 6-16，不同基因的脱氧核苷酸排列顺序不同，因此，蕴含有不同的遗传信息。

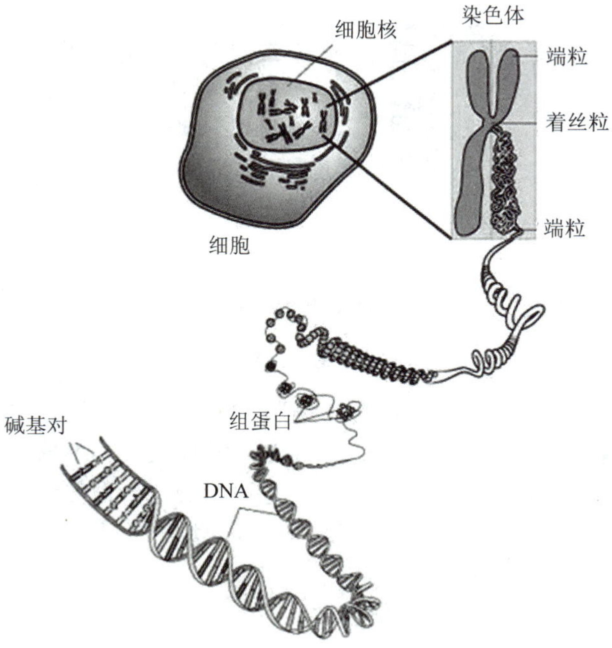

图 6-16　细胞中的染色体、DNA 和基因

基因的作用之一是控制细胞生产各种蛋白质。而蛋白质决定着生物体的大小、外形和其他许多性状。组成蛋白质的氨基酸有 20 多种，它们按照怎样的规律（顺序）组成蛋白质的呢？科学家在 20 世纪 60 年代初，开始研究遗传密码，几年后，终于弄清了遗传密码：基因中的碱基排列顺序构成遗传密码，由它决定氨基酸按照什么顺序来组装蛋白质，从而决定蛋白质的类型。

细胞是怎样生产蛋白质的呢？我们知道，DNA 主要存在于细胞核中，而蛋白质的合成是在细胞质中进行的。那么，DNA 所携带的遗传信息是怎样传递到细胞质中去的呢？这就需要通过另一种物质——信使 RNA（简写为 mRNA）作为媒介。在细胞核中先把 DNA 的遗传信息传递给 mRNA，然后，mRNA 进入细胞质，与核糖体结合在一起，合成蛋白质。

RNA 又叫核糖核酸，也是遗传物质的一种。它与 DNA 类似，但又有区别：DNA 是双链的双螺旋结构，而 RNA 是单链。它们的化学组成也不同：RNA 中含有核糖，DNA 中含有脱氧核糖；二者所含的四种碱基也有差别，如图 6-17 所示。

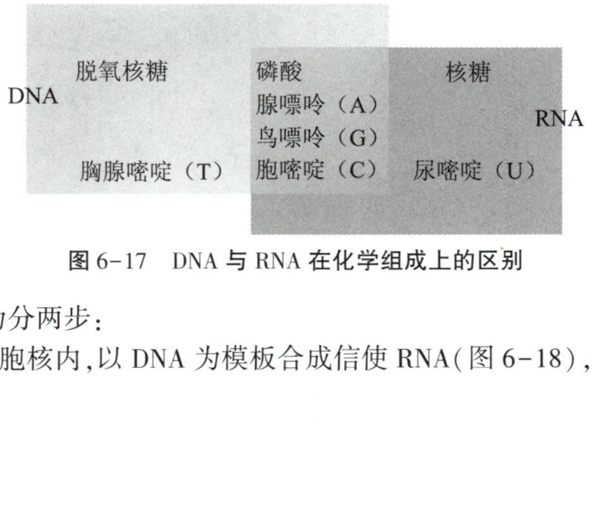

图 6-17　DNA 与 RNA 在化学组成上的区别

蛋白质的合成一般认为分两步：

（1）转录。转录即在细胞核内，以 DNA 为模板合成信使 RNA（图 6-18），使 DNA 上的遗传信息传递到 RNA 上。

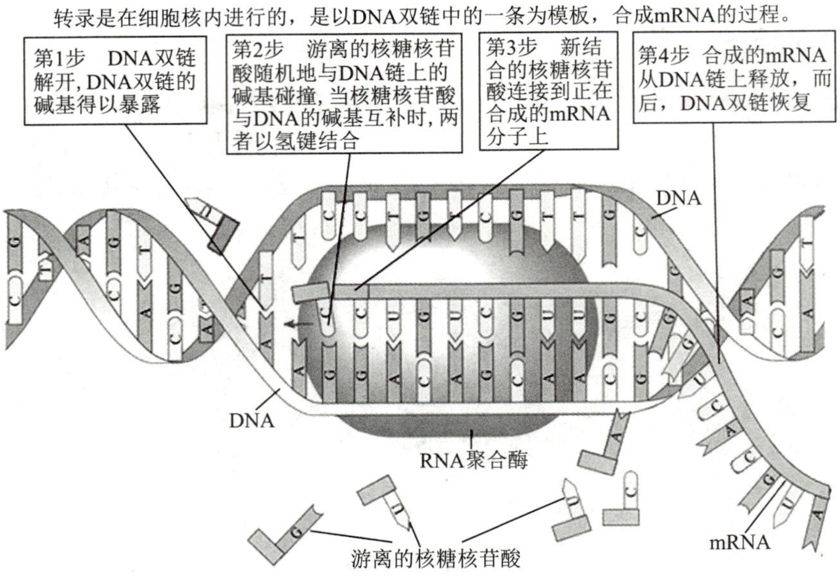

图 6-18　DNA 转录图解

（2）翻译 mRNA 进入细胞质内与核糖体结合。细胞质内有大量的转运 RNA（简写为 tRNA），它们携带着对应的氨基酸。当 tRNA 进入核糖体以后，就以 mRNA 为模版，按照碱基互补配对原则，把转运来的氨基酸放在核糖体上相应的位置。转运完毕后，tRNA 离开核糖体，又去转运下一个氨基酸。就这样，这些运载来的氨基酸通过肽键一个个连接起来，形成肽链，最终形成了蛋白质分子（图 6-19）。

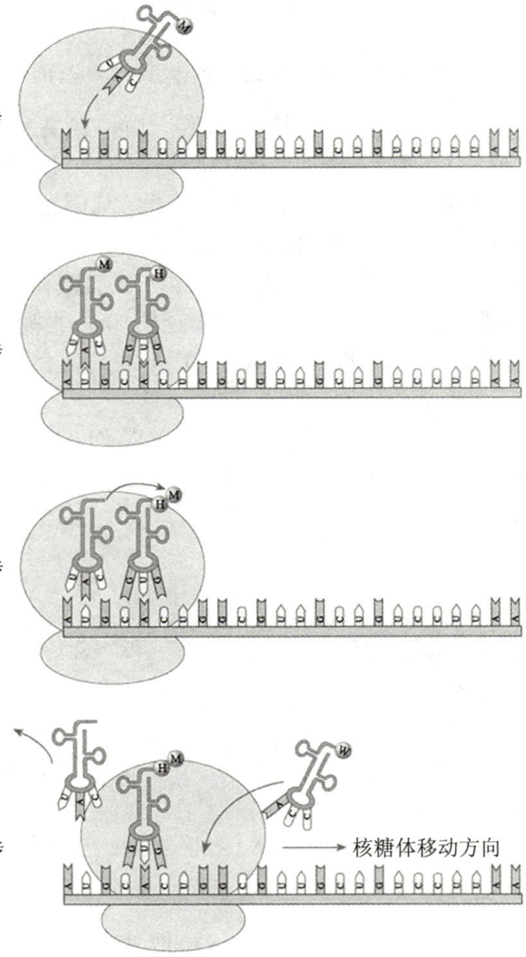

图 6-19　基因控制蛋白质的合成

由此可见,DNA 分子的脱氧核苷酸的排列顺序决定了 mRNA 中核糖核苷酸的排列顺序,mRNA 中核糖核苷酸的排列顺序又决定了氨基酸的排列顺序,氨基酸的排列顺序最终决定了蛋白质的结构和功能的特异性,从而从使生物体表现出各种遗传性状。

【知识巩固】

一、判断题

1.染色体是生物体的遗传物质,DNA 也是生物体的遗传物质。(　　)

2.遗传信息是指 DNA 中碱基的排列顺序。(　　)

二、填空题

1.DNA 是由________条链构成的,它具有________的立体结构。

2.DNA 的基本骨架是由________和________构成的,它们位于 DNA 的外侧。

3.DNA 中的碱基的配对原则是________、________,它们位于 DNA 的________部位。

4.下面是 DNA 分子的结构模式图,请用文字写出 1~10 的名称。

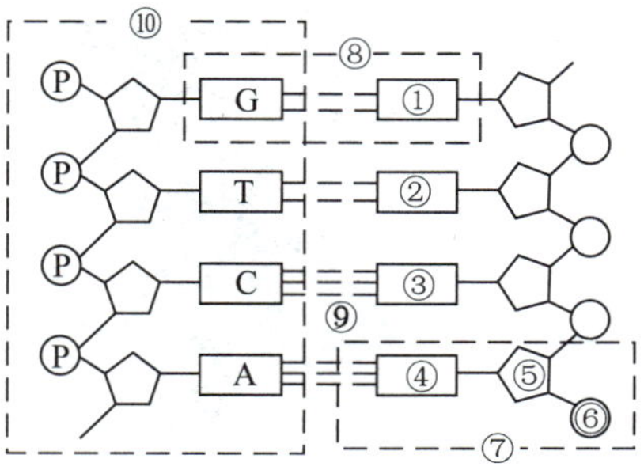

①________;②________;③________;

④________;⑤________;⑥________;

⑦________;⑧________;⑨________;⑩________。

三、选择题

1.用下列哪种情况的肺炎双球菌感染健康小鼠会使其生病和死亡(　　)。

A.加热杀死的

B.活的,但缺乏多糖荚膜

C.加热杀死的肺炎双球菌和无荚膜的肺炎双球菌的混合,经转化后

D.既缺乏多糖又加热杀死的

2.基因是指(　　)。

A.有遗传效应的脱氧核苷酸序列　　C.氨基酸序列

B.脱氧核苷酸序列　　D.核苷酸序列

3.决定生物多样性的根本原因是(　　)。

A.DNA 的多样性　　B.蛋白质的多样性

C.生活环境的多样性　　D.细胞种类的多样性

4.下列说法正确的是(　　)。

A.普朗克创立了光量子论

B.哈勃提出并证实了宇宙膨胀理论

C.美国科学家沃森和克里克研究出人类基因组图谱

D.DNA 双螺旋结构的分子模型的建立标志分子生物学的诞生

四、思考题

转录与 DNA 复制有什么共同之处?这对保证遗传信息的准确转录有什么意义?

第三节　遗传的基本规律

一、孟德尔的豌豆杂交实验

乔治·孟德尔(G.J.Mendel,1822—1884),奥地利人。从小喜欢自然科学,由于家境贫寒,21 岁时入修道院做修道士。1851 年,孟德尔到维也纳的大学进修自然科学和数学。回到修道院,他利用修道院的一小块园地,种植了豌豆、山柳菊、紫茉莉、草莓、玉米等多种植物,并且进行了多种植物的杂交实验,其中豌豆的杂交实验最成功。经过 8 年的连续潜心研究,孟德尔发现了生物的遗传规律。从此,遗传学作为一门科学诞生了,并且得到了很快的发展。孟德尔也成为现代遗传学的奠基人(图 6-20)。

图 6-20　孟德尔和他的实验园地

用豌豆做遗传实验为什么容易取得成功?豌豆是自花传粉、闭花授粉的植物,所以豌豆在自然状态下能避免外来花粉的干扰,在自然状态下一般都是纯种。用豌豆做实验,结果可靠且易分析。如图 6-21 所示。

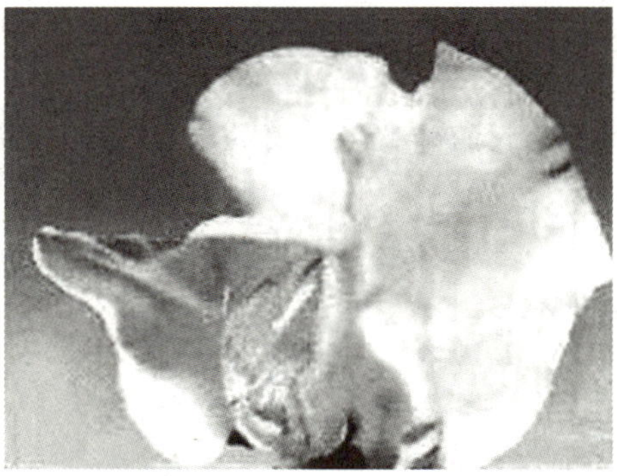

图 6-21　豌豆花

孟德尔发明了一种新方法,使豌豆能够异花传粉,即"人工杂交"。他先收集一株豌豆上的花粉,把它涂抹在另一株豌豆的雌蕊上,使这两株豌豆植株杂交。为了防止自花传粉,在杂交之前,他已经小心地将另一株豌豆的雄蕊除去了,如图 6-22 所示。

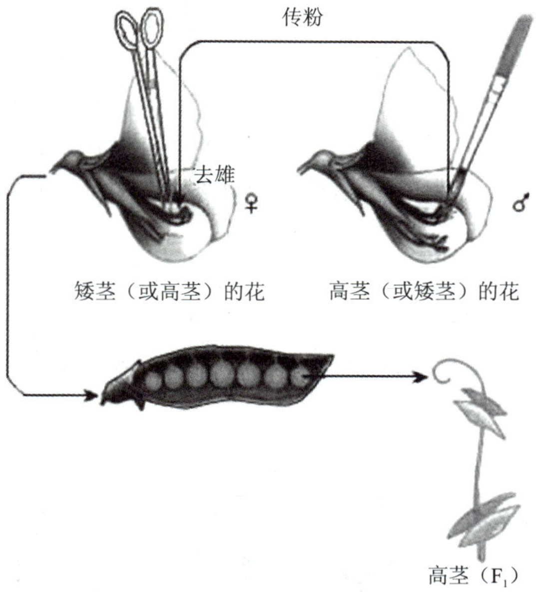

图 6-22　**人工异花传粉示意图**

豌豆具有易于区分的性状。例如，豌豆植株要么是高茎，要么是矮茎，种子的形状是圆形或皱形的，像这样，一种生物同一性状的不同表现类型叫相对性状，不存在介于两者之间的第三性状。相对性状明显，易于观察，并且豌豆一次能产生很多后代，很容易收集到大量的数据便于统计。

孟德尔注意到了不同品种的豌豆之间同时具有许多相对性状，但为了便于分析，开始时他只对每一对相对性状的遗传进行研究。

二、一对相对性状的遗传实验

孟德尔把纯种（繁殖出的后代总是与它相同）的高茎豌豆和纯种的矮茎豌豆进行杂交。他把这些亲本植株称作亲本（用 P 表示），把经过杂交产生的第一代称为子一代（用 F_1 表示）。从图 6-23 可以看到孟德尔第一次杂交实验的结果：所有 F_1 的植株总是高茎。尽管亲代中有一方是矮茎的，但是没有一个子代是矮茎的。“矮茎”这个性状竟然消失了。

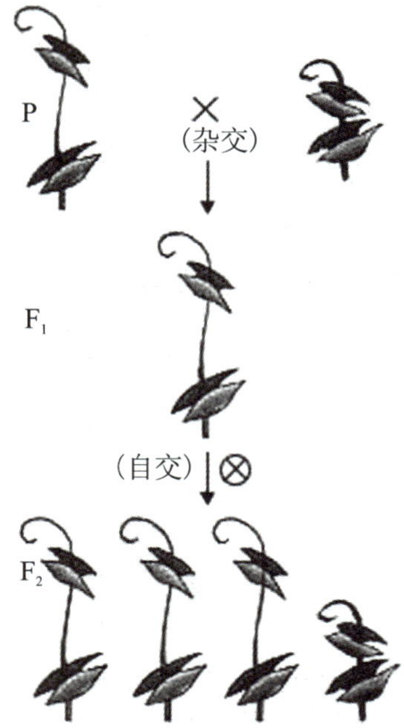

图 6-23　**高茎豌豆和矮茎豌豆的杂交实验**

为什么子一代都是高茎而没有矮茎呢？孟德尔让 F_1 自交。这次的实验结果令他万分惊奇：F_2 的植株中既有高茎又有矮茎的。上述实验结果引起了孟德尔的思考，他认为矮茎性状在子一代中并没有消失，只是隐而未现。于是，孟德尔把杂种子一代中显现出的性状叫作显性性状，如高茎；把未显现出来的性状，叫作隐性性状，如矮茎。而且孟德尔又对 F_2 中高茎和矮茎的植株进行了统计分析：他发现高茎植株占 3/4，矮茎植株占 1/4，它们之间是 3∶1。孟德尔把这种在杂种后代中同时显现出显性性状和隐性性状的现象叫作性状分离。

孟德尔继续做了六对其他相对性状的杂交实验，观察了数千株豌豆的杂交情况，并且对每一相对性状的实验结果都做了统计分析，最后得到了与上述实验相同的结果：F_1 只表现出显性性状，F_2 出现性状分离，并且显性性状与隐性性状的数量比接近于 3∶1。如图 6-24、表 6-2 所示。

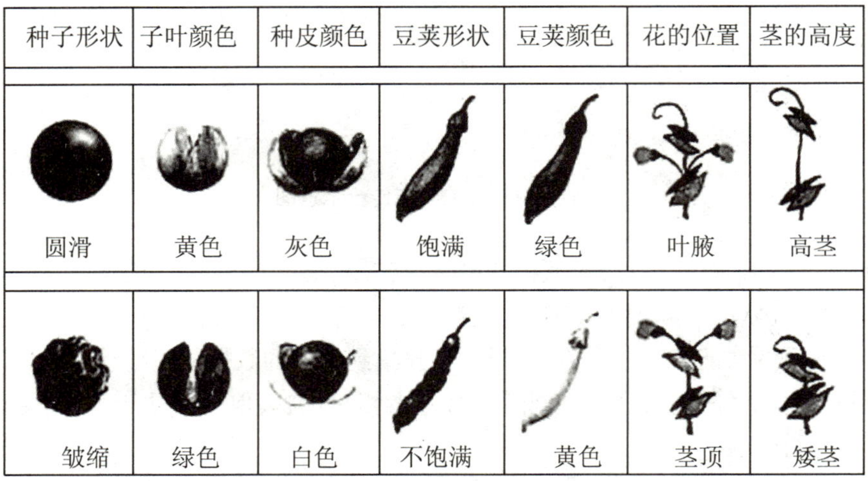

图 6-24　豌豆的 7 对相对性状

表 6-2　孟德尔做的豌豆杂交实验的结果

性　状	F_2 的表现				
	显　性		隐　性		显性∶隐性
种子形状	圆粒	5474	皱粒	1850	2.96∶1
茎的高度	高茎	787	矮茎	277	2 64∶1
子叶的颜色	黄色	6022	绿色	2001	3.01∶1
种皮的颜色	灰色	705	白色	224	3.15∶1
豆荚的形状	饱满	882	不饱满	299	2.95∶1
豆荚的颜色（未成熟）	绿色	428	黄色	152	2.82∶1
花的位置	腋生	651	顶生	207	3.14∶1

讨论：

1.孟德尔一对相对性状的杂交实验是怎样设计的？

2.你如何判断某一高茎豌豆是否是纯种？

三、对分离现象的解释

孟德尔在对实验结果分析推理后，得出以下结论：生物体内一定存在遗传因子（科学家今天称之为基因），它们各自独立地控制着各种性状。控制显性性状（如高茎）的叫显性基因，用大写英文字母（如 D）

来表示;控制隐性性状(如矮茎)叫隐性基因,用小写英文字母(如d)来表示。

在生物的体细胞中,控制性状的基因都是成对存在的。在纯种高茎豌豆的体细胞中含有成对的基因DD,纯种矮茎豌豆的体细胞中含有成对的基因dd。像这样,遗传因子组成相同的个体叫作纯合子。F_1自交的后代中出现了隐性性状,所以在F_1细胞中必然含有隐性遗传因子,而F_1表现的是显性性状,因此F_1体细胞中的遗传因子应该是Dd。像这样,遗传因子组成不同的个体叫作杂合子。

生物体在形成生殖细胞——配子时,成对的遗传因子彼此分离,分别进入不同的配子。配子中只含有每对遗传因子中的一个。

受精时,雌雄配子随机结合,合子中的基因又恢复成对。配子D既可以与配子D结合,又可以与配子d结合。如图6-25所示。

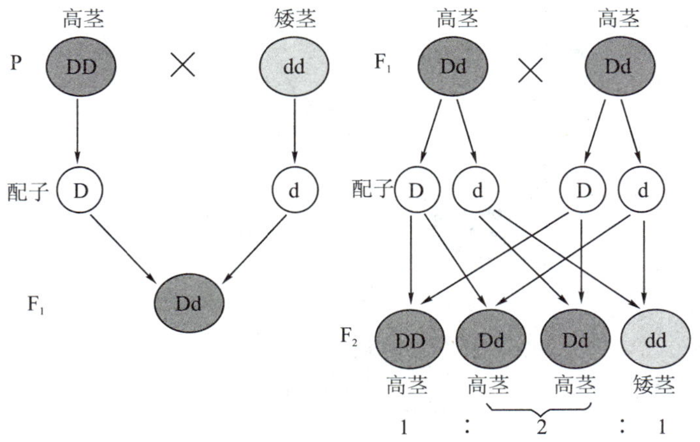

图6-25　高茎豌豆与矮茎豌豆杂交实验的分析图解

四、对分离现象解释的验证

孟德尔为了验证自己的假说的合理性,又巧妙地设计了测交实验(图6-26),让F_1与隐性纯合子杂交。孟德尔用杂种子一代高茎豌豆(Dd)与隐性纯合子矮茎豌豆(dd)杂交,在后代中,高茎与矮茎的性状比接近1∶1。孟德尔测交实验的结果验证了他的假说。

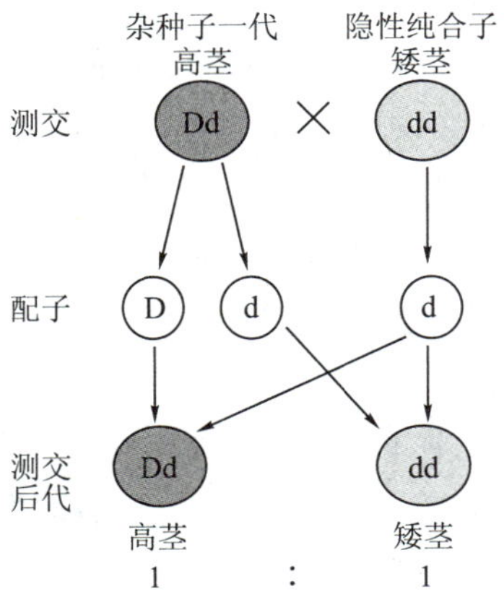

图6-26　测交图解

讨论:

1.孟德尔为解释实验结果做了哪些假设?

2.假如雌雄配子的结合不是随机的,F_2中还会出现3∶1的性状分离比吗?

在遗传学上,生物个体表现出来的性状叫表现型。例如豌豆的高茎和矮茎;把与表现型有关的基因组成叫作基因型，如 Dd。尽管所有高茎植株都有相同的表现型（高茎），它们却可能是两种不同的基因型（Dd 或 DD）。当看到一株高茎豌豆时，我们无法区分它的基因型是 DD 还是 Dd，而矮茎植株表现型和基因型（dd）是一致的。

由上可知，生物个体的基因型在很大程度上决定了生物个体的表现型，如含有 Dd、DD 基因的豌豆都表现出高茎，可见基因型是表现型的内在因素，而表现型则是基因型的表现形式。

生物体在整个发育过程中，不仅要受到内在因素基因的控制，同时要受到环境条件的影响，因此，同一基因型的生物个体，有时可以有不同的表现型。由此可见，表现型是基因型与环境条件相互作用的结果。如图 6-27 所示，在不同环境条件下生长的同一株水毛茛的不同性状表现，在水中和空气中的完全不同。

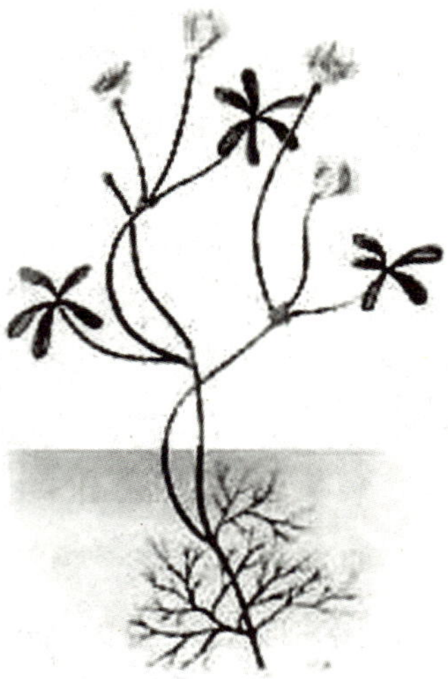

图 6-27　水毛茛水中部分和空气中部分的生长情况

讨论：

1.如果某一豌豆的植株表现高茎，那么控制该性状的一对基因可能有哪几种组合？

2.矮茎豌豆植株会是杂种吗？为什么？

五、分离定律的实质

孟德尔一对相对性状的实验结果及其解释，后人把它归纳为孟德尔第一定律，又称分离定律。在生物体细胞中，控制同一性状的遗传因子成对存在，不相融合；在形成配子时，成对的遗传因子发生分离，分离后的遗传因子分别进入不同的配子中，随配子遗传给后代。

六、分离定律在实践中的应用

1.在农业生产上指导杂交育种

根据基因分离规律，亲本是不同的纯种时，杂种后代 F_1 个体往往表现一致，但 F_2 就会出现性状分离。所以，在农作物育种时，往往从 F_2 开始选择。例如，小麦抗锈病的性状是由显性基因控制的。在 F_2 中虽然得到抗锈病植株，它的自交后代还会发生性状分离。为了获得稳定遗传的抗病类型，还必须连续自交，直到发现抗病性状不再发生分离时，该亲本才是纯合的抗锈病类型。

2.在医学实践上，推断遗传病的基因型和发病率

例如，人类的白化病是隐性基因（基因型是 aa）控制的一种遗传病。如果一个患者的双亲表现正常，根据分离规律，患者的双亲一定都是杂合子（Aa），在他们的后代中，发病的概率是 1/4。如图 6-28 所示。

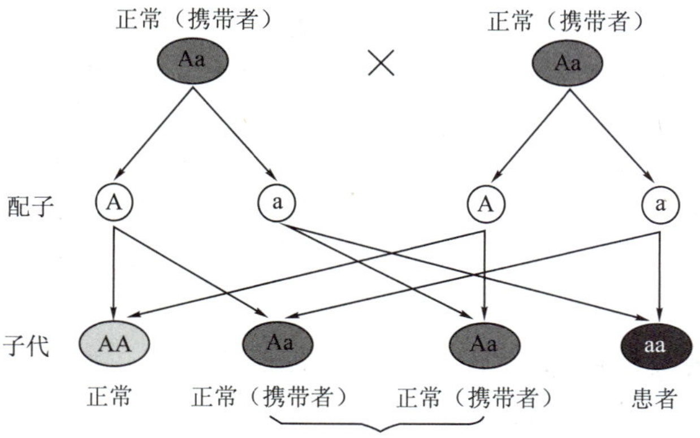

图 6-28　白化病遗传图解

七、自由组合定律

孟德尔在完成了对豌豆一对相对性状的研究后，进一步探索两对相对性状的遗传规律，即如果两对相对性状同时遗传时，后代会表现出什么现象呢？例如，孟德尔用纯种的黄色圆粒豌豆和纯种的绿色皱粒豌豆进行杂交，无论谁做父本或母本，子一代（F_1）都是黄色圆粒的。这表明，黄色对绿色显性，圆粒对皱粒显性。孟德尔让 F_1 自花传粉，则 F_2 不仅表现出两个亲本的性状，而且还出现了新性状。实验结果显示出不同的性状之间发生了自由组合。如图 6-29 所示。

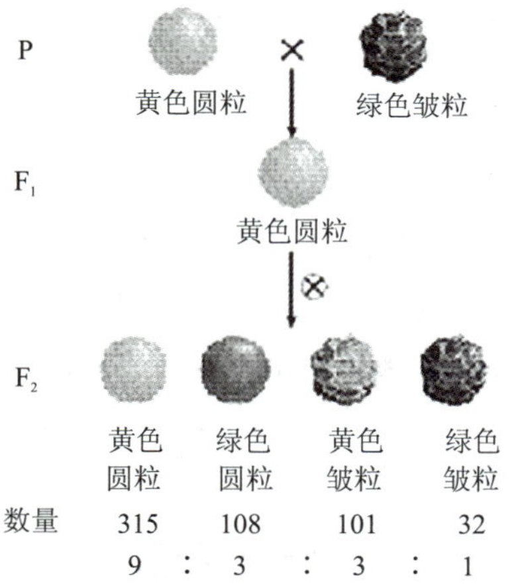

图 6-29　黄色圆粒豌豆和绿色皱粒豌豆杂交实验

怎么会出现以上现象呢？孟德尔发现：如果分别观察豌豆的黄色和绿色、圆粒和皱粒时，仍然符合分离定律。他推测，可能是 F_1 在形成配子时，控制黄色和绿色的基因分离，控制圆粒和皱粒的基因分离后，控制颜色的基因与控制形状的基因（非等位基因）发生了自由组合，受精作用后，形成了黄色圆粒、黄色皱粒、绿色圆粒、绿色皱粒四种类型。

用测交法验证，孟德尔的推测是正确的。

【知识巩固】

一、判断题

1.隐性性状是指生物体表现出来的性状。（　　）

2.纯合子自交后代不会发生性状分离，杂合子自交后代不会出现纯合子。（　　）

3.表现型相同的生物，基因型一定相同。（　　）

二、填空题

1.让杂合高茎豌豆自交，后代中出现高茎和矮茎两种豌豆，且两者的比例大约为3∶1。这种现象在遗传学上称为______。

2.孟德尔把 F_1 中显现出来的性状，叫作______；未显现出来的性状叫______，如矮茎。

3.体细胞中遗传因子是成对存在的。像DD、dd这样，遗传因子组成相同的个体叫作______，而遗传因子组成不同的个体叫作______。

三、选择题

1.下面是对基因型与表现型关系的叙述，其中错误的是(　　)。

A.表现型相同，基因型不一定相同

B.基因型相同，表现型不一定相同

C.在相同生活环境中，基因型相同，表现型一定相同

D.在相同生活环境中，表现型相同，基因型不一定相同

2.有一对夫妇均为双眼皮，他们各自的父亲都是单眼皮。这一对夫妇生一个孩子为单眼皮的概率是(　　)。

A.100%　　B.50%　　C.25%　　D.75%

3.一对杂合黑豚鼠产仔4只，4只鼠仔的表现型可能是(　　)。

A.三黑一白　　B.全部黑色　　C.二黑二白　　D.以上三种都有可能

四、简答题

1.苯丙酮尿症(PKU)是由隐性基因a控制的，使得人体不能产生将苯丙酮转化为酪氨酸的酶，这种情况下苯丙酮在人体内含量较高，尿中可检出，可导致智力低下和易发生癫痫病。如果两个正常男女婚配，却生下一个有此病的男孩。请分析说明：

(1)这对夫妇的基因型是______。

(2)男孩的基因型是______。

(3)若再生一个孩子，是正常女孩的可能性是______，是有病男孩的可能性是______。

2.一对表现型正常的夫妇，生了一个患白化病的孩子。若他们再生一个孩子，表现正常的概率是多少？患白化病的概率是多少？患白化病男孩的概率是多少？若他们再生两个孩子，为一男正常一女患白化病的概率是多少(有关基因用A、a表示)？

第四节　性别决定和伴性遗传

在生物界，很多种类的生物都存在着性别上的差异。

同是受精卵发育成的，为什么有的发育成雄性个体，有的发育成雌性个性，它们的遗传性状为什么表现不一样呢？生物的性别是由什么决定的呢？

一、性别决定

细胞遗传研究表明，生物体的性别通常是由性染色体决定的。现在我们以人为例来说明性别决定的情况。

人的体细胞中共有23对染色体，其中22对是控制人体一般性状的，与性别无关，叫作常染色体；另一对与性别有关，叫作性染色体。如图6-30所示。

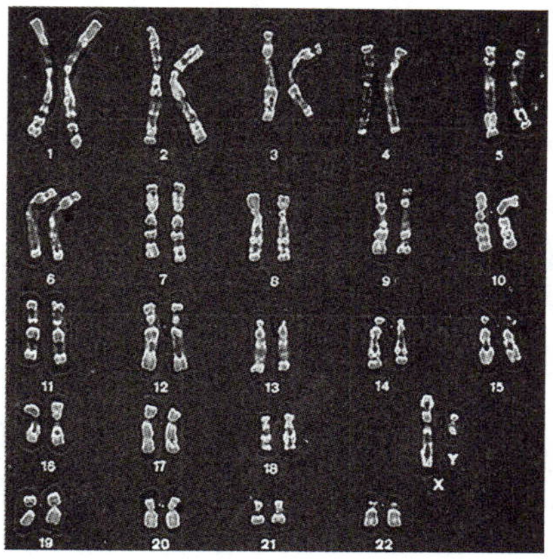

图 6-30　人体染色体图(男)

在男性的体细胞中,这对性染色体的大小、形状差别很大,大的叫作 X 染色体,小的叫作 Y 染色体。在女性的体细胞中,这对性染色体的大小、形状相同,都叫作 X 染色体。可见,男性个体是由 XY 染色体决定的,女性个体则是由 XX 染色体决定的。

那么,男性的细胞内的 XY 性染色体、女性细胞内的 XX 性染色体是怎么来的? 性别遗传有什么规律呢? 这还要从人类的生殖过程说起。

人类生殖时,男性精原细胞经过减数分裂形成精子时,可以产生含有不同性染色体的两种精子:一种含有 X 染色体,另一种含有 Y 染色体,而且这两种精子的数目相等。女性卵原细胞经过减数分裂形成配子时,只产生一种含 X 染色体的卵细胞。受精时,不同的精子和卵细胞随机结合,于是就形成了两种数目相等的受精卵:一种含有 XX 染色体,以后发育成女性;另一种含 XY 染色体,以后发育成男性,如图 6-31 所示。因此,在一定数量的人群中,男女性别的比率总是表现为 1:1。

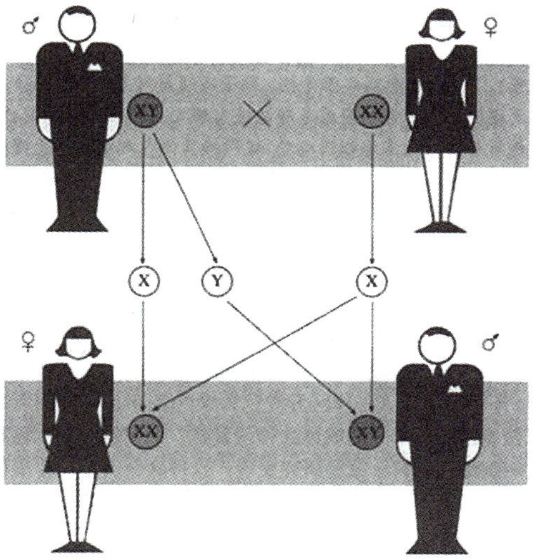

图 6-31　性别的决定

讨论:

小明是个男孩,他的妈妈若再生一胎,一定是个女孩吗?

与人类性别决定方式一样的还有很多动物,如所有的哺乳动物、某些鱼类和两栖类以及很多雌雄异株的植物。

近年来,随着对基因研究的进一步深入,科学家们发现,人的性别实际是由性染色体上的基因决定的。如人类男性的性别就是由 Y 染色体上的睾丸基因(SRY)决定的,它对形成男性的性别特征起着决定性作用。由于 X 染色体上没有这个基因,因此,有 XX 染色体的人表现为女性。

二、伴性遗传

人们对遗传现象进行研究时，发现人类的红绿色盲、抗维生素 D 佝偻病等的遗传表现常常与性别相关联，这种现象叫作伴性遗传。

道尔顿（J.Dalton 1766—1844）发现色盲的小故事：

道尔顿在圣诞节前夕买了一件礼物——一双“棕灰色”的袜子，送给妈妈。妈妈却说：你买的这双樱桃红色的袜子，我怎么穿呢？道尔顿发现，只有弟弟与自己看法相同，其他人全说袜子是樱桃红色的。道尔顿经过分析和比较发现，原来自己和弟弟都是色盲，为此他写了篇论文《论色盲》，成了第一个发现色盲症的人，也是第一个被发现的色盲症患者。后人为纪念他，又把色盲症叫道尔顿症。

1.红绿色盲

红绿色盲是人类最常见的一种伴性遗传病。患者由于色觉障碍，不能像正常人那样区分红色和绿色。科学家研究发现，这种病是由位于 X 染色体上的红绿色盲基因（b）控制的。Y 染色体由于缺少与 X 染色体同源的区段而没有这种基因，因此，红绿色盲基因是随着 X 染色体向后代传递的。根据基因 B 和基因 b 的显隐性关系，人的正常色觉与红绿色盲的基因型和表现型可以有以下五种情况（表 6-3）。

表 6-3　人的正常色觉和红绿色盲基因型和表现型

	女性			男性	
基因型	X^BX^B	X^BX^b	X^bX^b	X^BY	X^bY
表现型	正常	正常（携带者）	色盲	正常	色盲

人类红绿色盲的遗传方式主要有以下几种情况：

如果一个色觉正常的女性纯合子和一个男性红绿色盲患者结婚，在他们的后代中：儿子的色觉都正常；女儿虽然表现型正常，但是由于从父亲那里得到了一个红绿色盲基因，因此都是红绿色盲基因携带者（图 6-32）。在上述情况中，父亲的红绿色盲基因随着 X 染色体传给了女儿，但是一定不会传给儿子。

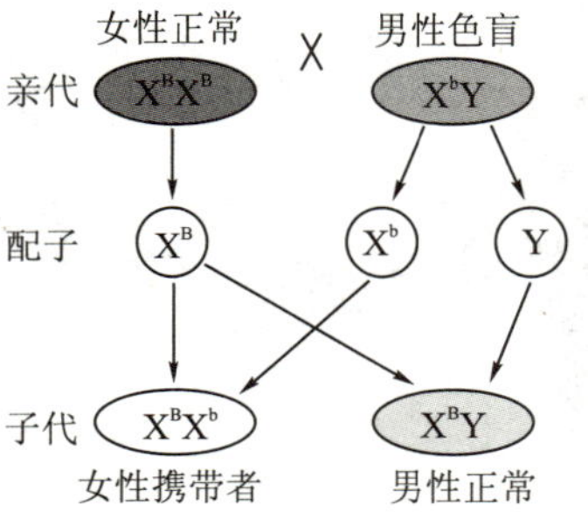

图 6-32　色盲的遗传图解

如果一个女性红绿色盲基因的携带者和一个正常的男性结婚，在他们的后代中：儿子有 1/2 正常，1/2红绿色盲，女儿则都不是色盲，但是有 1/2 是红绿色盲基因携带者（图 6-33）。在这种情况中，儿子的红绿色盲基因一定是从他的母亲那里传来的。

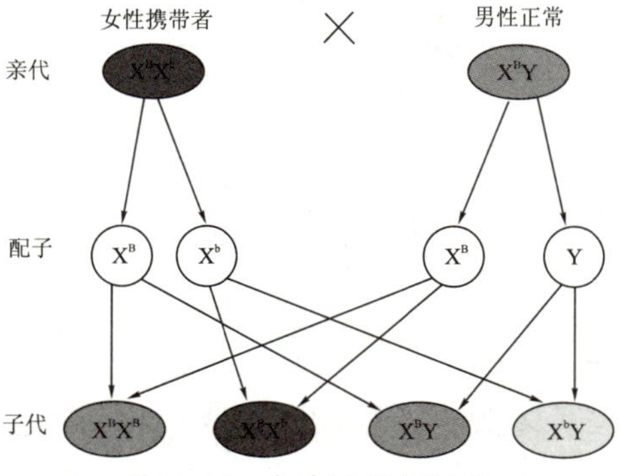

图 6-33　色盲的遗传图解

讨论：

如果一个女性红绿色盲基因的携带者和一个男性红绿色盲患者结婚，所生儿子或女儿的基因型和表现型是怎样的？如果一个女性红绿色盲患者和一个正常的男性结婚情况又会怎样？你能完成他们的遗传图解吗？（图 6-34、图 6-35）

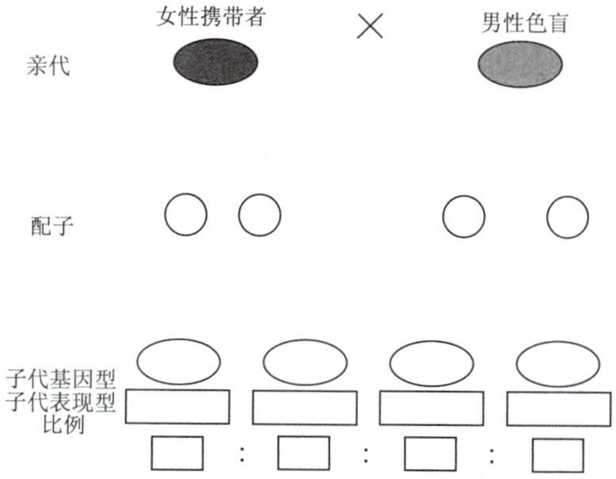

图 6-34　女性携带者与男性色盲婚配的遗传图解

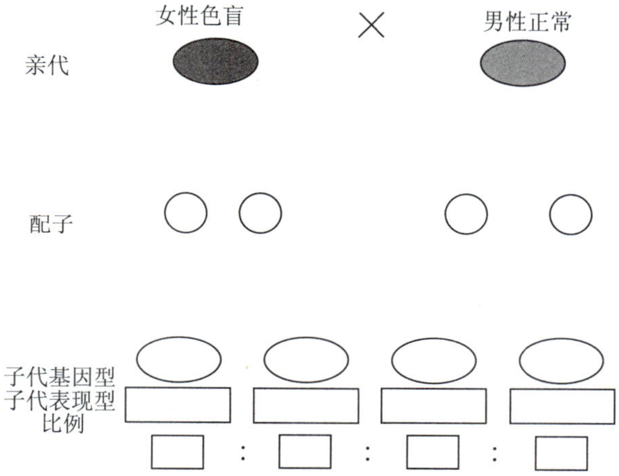

图 6-35　女性色盲与正常男性婚配的遗传图解

通过对上述四种婚配方式的分析，我们可以看出，男性的红绿色盲基因只能从母亲那里传来，以后只能传给他的女儿。这种遗传特点，在遗传学上叫作交叉遗传。女性必须从父母双方各遗传到一个隐性等位基因才会患色盲；而男性只需要一个隐性等位基因就会患色盲。因此，位于 X 染色体上隐性基因控制的遗传病的遗传特点是：男性患者多于女性患者。对红绿色盲病的社会调查表明：我国男性红绿色盲的发病率为 7%，女性红绿色盲的发病率仅为 0.5%。

2.抗维生素 D 佝偻病

位于 X 染色体上的基因，有隐性基因，也有显性基因。抗维生素 D 佝偻病就是一种显性遗传病（图6-36）。这种病受显性基因（D）控制，当女性的基因型为 X^DX^D、X^DX^d 时，都是患者，但后者比前者发病轻。男性患者的基因型只有一种情况，即 X^DY，发病程度与 X^DX^D 相似。因此，位于 X 染色体上的显性基因控制的遗传病的遗传特点是：女性患者多于男性患者，但部分患者病症较轻。男性患者与正常女性结婚的后代中，女性都是患者，男性正常。

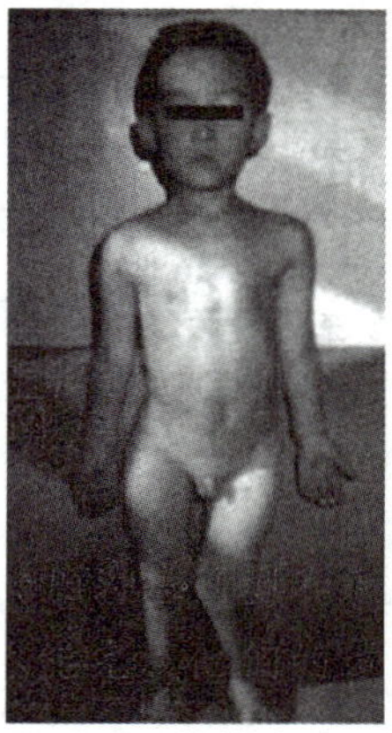

图 6-36　抗维生素 D 佝偻病患儿

3.伴性遗传在实践中的应用

除红绿色盲、抗维生素 D 佝偻病外，人类中血友病的遗传、动物中果蝇眼色的遗传、芦花鸡羽毛上黑白相间的横斑条纹，以及雌雄异株植物（杨、柳）中某些性状的遗传都是伴性遗传。伴性遗传在自然界中普遍存在。伴性遗传在实践中是很有用的，例如，对早期的雏鸡可以根据芦花鸡羽毛的特征把雌性和雄性区分开，从而做到多养母鸡，多得鸡蛋。

【知识巩固】

一、判断题

1.女性色盲，她的父亲和儿子一定患色盲。（　　）

2.性染色体上的基因都可以控制性别。（　　）

二、填空题

人类的血友病是一种伴性遗传病，这种病患者的血液中缺少一种凝血因子，所以在造成轻微创伤时，也会流血不止。这种病是由位于X染色体上的隐性基因h控制的。在女性中，正常纯合子的基因型是__________，血友病基因携带者的基因型是__________，血友病患者的基因型是__________；在男性中，正常个体的基因型是__________，血友病患者的基因型是__________。

三、选择题

1.人类的精子含有的染色体是（　　）。

A.44+XY　　B.23+X或23+Y

C.22+X或22+Y　　D.44+XX

2.抗维生素D佝偻病是一种遗传病。若女性患者与正常男性婚配，生男和生女各有50%的可能性是患者；若正常女性与男性患者婚配，生女孩必为患者，男孩均正常。抗维生素D佝偻病的遗传方式是（　　）。

A.常染色体显性遗传　　B.常染色体隐性遗传

C.伴X染色体显性遗传　　D.伴X染色体隐性遗传

3.某色盲男孩的父母、祖父母、外祖父母中，除祖父是色盲外，其他的均正常，这个男孩的色盲基因来自于（　　）。

A.祖父　　B.祖母　　C.外祖父　　D.外祖母

4.一对表现型正常的夫妇，其父亲均为色盲患者，他们所生的子女中，儿子患色盲的概率是（　　）。

A.25%　　B.50%　　C.75%　　D.100%

四、简答题

1.控制外耳道（或耳郭）多毛这一性状的基因位于Y染色体上。想一想，这一性状的遗传会表现出怎样的特点？

2.红绿色盲的遗传特点是什么？抗维生素D佝偻病的遗传特点呢？

第五节　生物的变异

遗传物质能够稳定地遗传给后代，同时，遗传伴随着变异。在丰富多彩的生物界，蕴含着形形色色的变异现象，如图6-37所示。

有的变异仅仅是由于环境因素的影响造成的，并没有引起生物体内的遗传物质的变化，因而不能够遗传下去，属于不可遗传的变异。如同一块地的小麦，由于肥水、光照等影响，穗的大小、籽粒的多少都不一样。有的变异现象是由于生殖细胞内遗传物质的改变引起的，因而能够遗传给后代，属于可遗传的变异。例如：鹦鹉的体色变化。

引起可遗传的变异的原因有多种，一些是通过基因的重新组合而引起的，叫作基因的重组，这在前面学习自由组合定律时已经知道了。另外一些是由于遗传物质本身的结构和数量发生变化引起的，这就是基因突变和染色体变异。

一对绿色的鹦鹉生下了4只体色迥异的小鹦鹉

图 6-37　鹦鹉体色变异

一、基因突变

基因突变是指 DNA 分子中发生碱基对的替换、增添和缺失,而引起的基因结构的改变。

镰刀型细胞贫血症就是基因突变的结果,导致血红蛋白分子的多肽链上的一个谷氨酸被一个缬氨酸代替,红细胞发生了改变。正常人的红细胞呈圆饼状,而镰刀型贫血症患者的红细胞就变成一种异常的镰刀型(图 6-38)。患者红细胞变成长镰刀型,血液的黏性增加,引起红细胞的堆积,导致各器官血流的阻塞,而出现脾脏肿大,四肢的骨骼、关节疼痛,血尿和肾功能衰竭等症状,病重时,红细胞受机械损伤而破裂产生溶血现象,引起溶血性贫血甚至造成死亡。

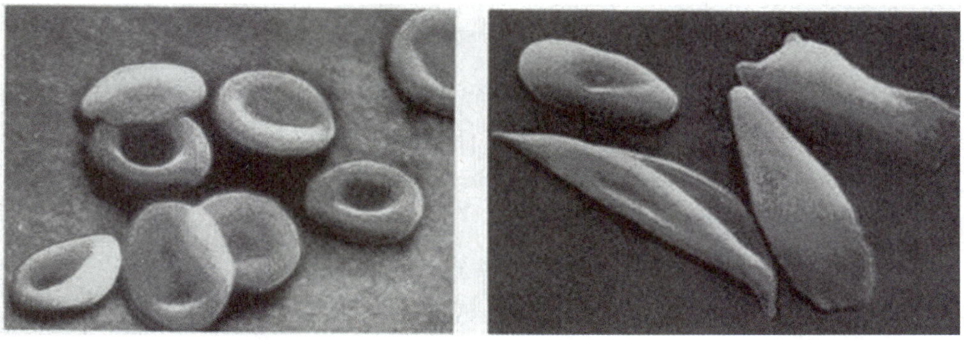

图 6-38　正常型红细胞与镰刀型贫血症患者的红细胞形状比较

在自然界,生物的基因突变是随处可见的。例如:小麦从高秆变成矮秆,普通羊群中出现了短腿的安康羊,棉花中的短果枝、鸡脚叶,玉米中的白化苗等都是基因突变的结果。

对生物来说,基因突变可能破坏生物体与现有环境的协调关系,而对生物有害,但有些基因突变,也可能使生物产生新的性状,适应改变的环境,获得新的生存空间。还有些基因,突变既无害也无益。基因突变尽管是随机的、不定向的,在自然状态下突变频率很低,但却是普遍存在的。基因突变是新基因产生的途径,是生物变异的根本来源,是生物进化的原始材料。

基因突变引起的人类遗传病占遗传病的绝大多数。目前,世界上已公布的这类遗传病有 6 500 多种。据估计,每年新发现的遗传病种类以 10～50 种的速度递增。可见,由基因突变引起的人类遗传病,已对人类的健康构成了重大威胁。

基因突变引起的人类遗传病有的是显性基因控制的,如软骨发育不全症,这种病的患儿由于长骨骨干的软骨细胞形成障碍而表现出体态异常、身材矮小等症状,如图 6-39 所示,病情严重者,胎儿期就可能死亡。有的是由隐性基因控制的隐性遗传病,如苯丙酮尿症、色盲、白化病(图 6-40)、血友病等。

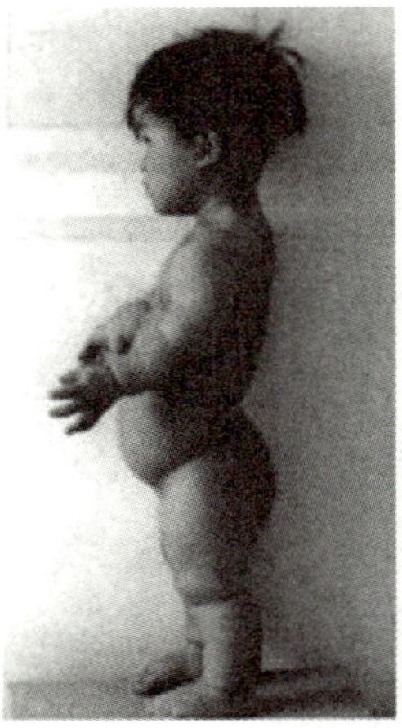

图 6-39　软骨发育不全症患儿

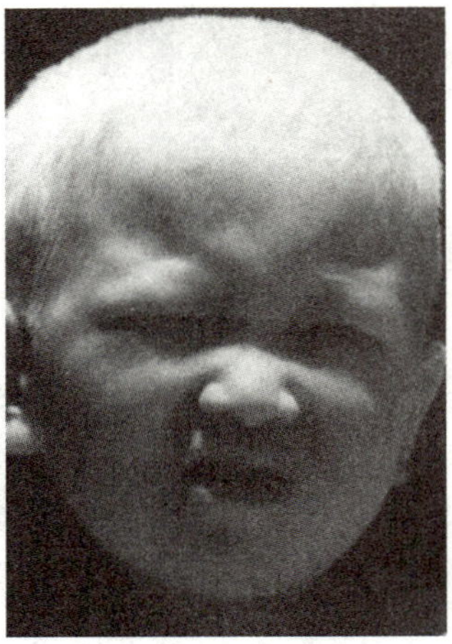

图 6-40　白化病患儿

【学科综合】

1927 年,美国遗传学家缪勒(H.J.Muller,1890—1967)发现,用 X 射线照射果蝇,后代发生突变的个体数大大增加。又有科学家用 X 射线和 Y 射线得到了类似的结果。人们把引起基因突变的因素归纳为三类:一类是物理因素,如 X 射线、紫外线、激光等;第二类变化是化学因素,如亚硝酸、碱基类似物等;第三类是生物因素,包括病毒和某些细菌等。由于一些不适宜的新技术、新材料用于日常生活,产生了许多新的引起基因改变的物理化学污染,对人类健康构成新的威胁。

二、染色体变异

基因突变是染色体上某一位点上的基因改变,在光学显微镜下是无法直接观察到的。染色体变异在光学显微镜下可以直接观察到,染色体变异包括染色体结构变异和染色体数目改变。

1.染色体结构的变异

人类的许多遗传病是由染色体结构改变引起的。例如,猫叫综合征是人的第 5 号染色体部分缺失引起的遗传病,因为患儿哭声轻,音调高,很像猫叫而得名。猫叫综合征的群体发病率为 1/50 000,患儿头小,脸圆,两眼距较远,耳位低下,生长发育迟缓,智力低下。

2.染色体数目的变异

染色体数目变异分为两类:一类是细胞内个别染色体的增加或减少,另一类是细胞内染色体数目以染色体组的形式成倍地增加或减少。

染色体在生物体细胞中都是成对存在的。例如,果蝇体细胞中有 4 对 8 条染色体,这 4 对染色体可以分成两组,每组中包括 3 条常染色体和 1 条性染色体。在果蝇的精子中,染色体数目已经减半。细胞中的一组非同源染色体,在形态和功能上各不相同,但又互相协调,共同控制生物的生长、发育、遗传和变异,这样的一组染色体,叫作一个染色体组。例如,雄果蝇精子中的一组染色体就组成了一个染色体组(图 6-41)。

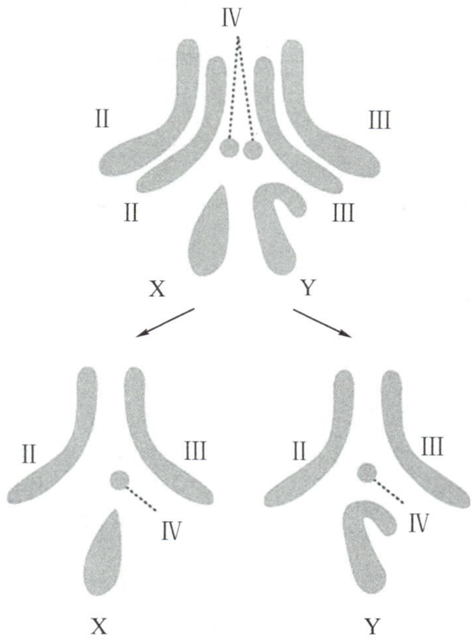

图 6-41　雄果蝇的染色体组图解

由受精卵发育而来的个体,体细胞中含有两个染色体组的个体叫作二倍体,体细胞中含有三个或三个以上染色体组的个体叫作多倍体。体细胞中含有三个染色体组的个体叫作三倍体,如有四个染色体组的个体,叫作四倍体。例如,人、果蝇、玉米是二倍体,香蕉是三倍体,马铃薯是四倍体。多倍体在植物中很常见,在动物中极少见。

人们常常用人工诱导多倍体的方法来获得多倍体,从而培育新品种。目前,最常用而且最有效的方法是用秋水仙素处理萌发的种子或幼苗。多倍体植株多茎秆粗壮,叶片、果实和种子都比较大,在农作物中却有较大的利用价值(图 6-42)。

图 6-42　染色体数目加倍后的草莓(上)和野生状态下的草莓(下)

如果人的染色体发生异常,将会引起多种遗传病。常染色体数目改变引起的人类遗传病叫常染色体病。例如先天愚型。这种病主要是患者从他母亲或父亲那里多继承了一条染色体(第 21 号),由含有 47 条染色体的受精卵发育而成,因此,又叫 21 三体综合征。人群中的发病率高达 1/600。患者表现为智力低下,身体发育缓慢,常有特殊面容:眼间距宽,眼上斜;口常半张,舌常伸出口外(图 6-43)。50%的患儿有先天性心脏病,部分患儿在发育过程中夭折。

性染色体数目改变的叫性染色体病。例如性腺发育不良症,是女性中最常见的一种性染色体病,发病率 1/3500。经染色体检查发现，患者缺少了一条 X 染色体。如图 6-44 所示，患者常表现为：身材矮小，肘常外翻，颈部皮肤松弛为蹼颈。外观虽为女性，但性腺发育不良，乳房不发育，无生育能力，30%伴有先天性心脏病。

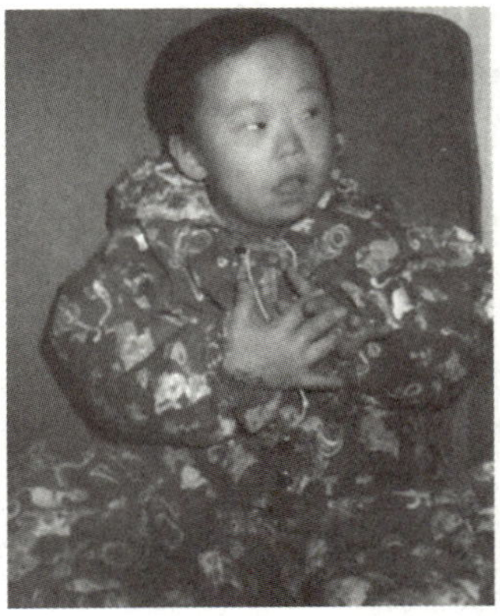

图 6-43　21 三体综合征患儿

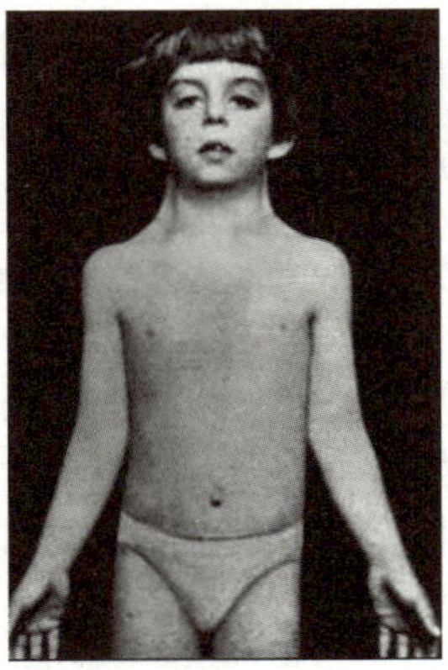

图 6-44　性腺发育不良患者

染色体变异引起的人类遗传病目前已发现 100 多种，这些病几乎涉及每一对染色体。由于每一条染色体上都有按照数量排列着的一定数量的基因，因此，染色体异常，往往可以引起遗传物质的较大改变，造成较严重的后果，甚至在胚胎时期就引起自然流产。

【知识巩固】

一、判断题

1.基因突变是广泛存在的，并且对生物自身大多是有害的。（　　）

2.基因突变一定能够改变生物的表现型。（　　）

3.由环境引起的变异是不能够遗传的。（　　）

4.基因中脱氧核苷酸的种类、数量和排列顺序的改变就是基因突变。（　　）

二、填空题

1.生物的变异的分为__________和__________。可遗传的变异的来源有__________、__________和__________三种。

2.染色体变异有__________和__________两类。由受精卵发育而来，体细胞中有两个染色体组的个体叫作__________，含有三个染色体组的个体叫作__________，三个或三个以上的称作__________。

三、选择题

1.基因突变的原因是（　　）。

A.染色体上的 DNA 变成了蛋白质　　B.染色体上的 DNA 变成了 RNA

C.染色体上的 DNA 减少了或增多了　　D.染色体上的 DNA 结构发生了局部改变

2.下列属于可遗传的变异的是（　　）。

A.由于水肥充足，小麦出现穗多粒大的性状

B.紫外线照射使人患皮肤癌

C.在棕色猕猴的自然种群中出现了白色的猕猴

D.人由于晒太阳皮肤变黑

四、简答题

下面列举的是人类的一些遗传病：红绿色盲、软骨发育不全、白化病、高度近视、先天愚型、XYY 综合征（患者有一条 X 染色体，两条 Y 染色体）。试说明哪些病是基因突变引起的？哪些病是染色体变异引起的？在这些遗传病中，哪种病既属于基因突变，又属于伴性遗传？

第七章 现代生物进化理论*

第一节　现代生物进化理论的由来

地球上的生物形形色色，种类繁多，它们是如何形成的呢？对这个问题，历史上，生物进化思想的提出给生命科学乃至人类思想带来了巨大的革命性的影响。

拉马克的进化学说

拉马克（J.B.Lmark，1744—1829），是历史上第一个提出比较完整的进化学说的博物学家。通过对植物和动物的大量观察，他提出地球上的所有生物是由更古老的生物进化来的，而不是神造的；生物由低等向高等逐渐进化；生物由于用进废退和获得性遗传而形成各种适应性特征。器官用得越多越发达，例如，食蚁兽的舌头之所以细长，是长期舔食蚂蚁的结果。器官废而不用，就会退化，例如，鼹鼠长期生活在地下，眼睛就萎缩、退化。

拉马克的进化学说，在神创论时代是有进步意义的。由于反对神创论和物种不变论，拉马克遭到了种种非难和攻击，但他始终坚持自己的信念，把科学事业作为自己最大的乐趣。

达尔文的自然学说

达尔文创立的进化论以丰富的事实为基础，论证了生物是不断进化的，并且对生物进化的原因提出了合理的解释。它揭示了自然界的万千生物不是神创造的，而是在客观规律的支配下不断发展变化的。这使生物学第一次摆脱了神的束缚，走上了科学的轨道；生命现象的统一性是由于所有生物都有共同的祖先，生物的多样性是进化的结果；生物界千差万别的种类之间有一定的内在联系，从而大大促进了生物学各个分支学科的发展（图 7-1）。

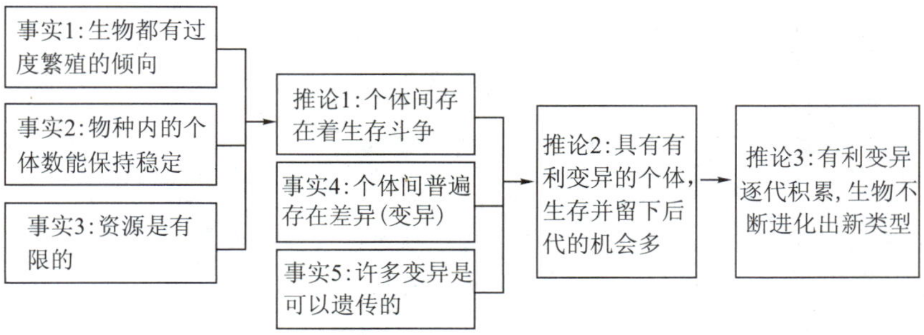

图 7-1　达尔文自然选择学说的解释模型

达尔文的进化论在与神创论和物种不变论的斗争中传遍了世界。《物种起源》被以各种文字翻译出版，遍布世界各地。马克思和恩格斯对达尔文的理论给予高度评价。恩格斯将达尔文的进化论誉为19世纪自然科学的三大发现之一。

由于科学发展水平的限制，达尔文对于遗传和变异的本质，还不能做出科学的解释。对于遗传变异，达尔文接受了拉马克的用进废退和获得性遗传的观点，并且举了很多例子来说明。例如，家猪的腿和吻比野猪短（图7-2），是由于家猪使用得少的结果。

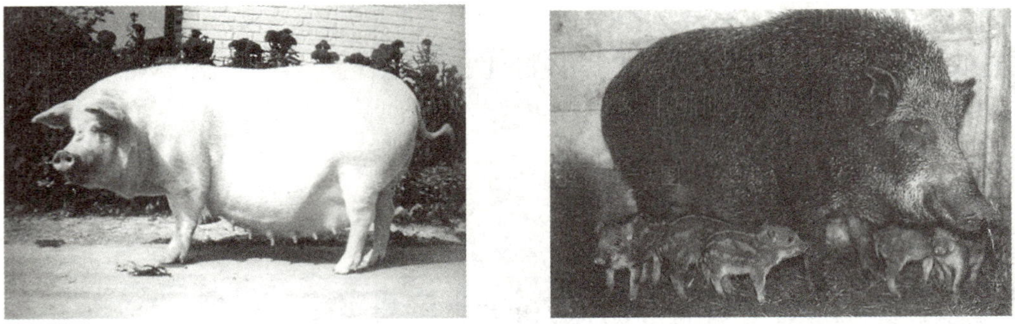

图7-2　家猪（左）和野猪（右）

达尔文对生物进化的解释也局限于个体水平，而事实上，如果个体出现可遗传的变异，相应基因必须在群体里扩散并取代原有的基因，这样新的生物类型才可能形成。达尔文强调物种形成都是渐变的结果，不能很好地解释物种大爆发等现象。这表明，达尔文思想观点有历史的局限性。

【资料】

达尔文以后进化理论的发展

对于遗传和变异的研究，随着科学的发展，已经从性状水平深入到基因水平。人们逐渐认识到遗传和变异的本质，获得性遗传的观点已被大多数学者所摒弃。关于自然选择的作用等问题的研究，已经从以生物个体为单位，发展到以种群为基本单位。这样，就形成了以自然选择学说为核心的现代生物进化理论，从而极大地丰富和发展了达尔文的自然选择学说。

第二节　现代生物进化理论的主要内容

一、种群基因频率的改变与生物进化

1.种群是生物进化的基本单位

人们把生活在一定区域的同种生物的全部个体叫作种群。例如，一片树林中的全部猕猴是一个种群，一片草地上的全部蒲公英，我国长江流域的全部白鱀豚。种群中的个体是机械地集合在一起吗？一个种群中的个体是能自由交配、繁殖并将各自的基因传给后代，因此种群是生物繁殖的基本单位。

种群在繁衍过程中，个体有新老交替，基因却代代相传。例如，许多昆虫的寿命都不满一年，如蝗虫。所有的蝗虫都会在秋风中死去，其中一些个体成功完成生殖，死前将受精卵埋在土壤中，来年春夏之际，受精卵发育成蝗虫。我们来思考，同前一年的蝗虫种群相比，新形成的蝗虫种群在基因组成上会有什么变化吗？

性状是由基因控制的，因此研究生物的进化必须研究种群的基因组成和变化。一个种群中全部个体

所含有的全部基因叫作这个种群的基因库。在一个种群基因库中，某个基因占全部等位基因数的比率，叫作基因频率。

2.突变和基因重组产生进化的原材料

基因突变产生新的等位基因，这就可能使种群的基因频率发生变化。而且，现代遗传学的研究表明，可遗传的变异有基因突变、基因重组和染色体变异。而基因突变和染色体变异统称为突变。虽然单个个体突变率很低，但是种群是由许多个体组成的，每个个体的每一个细胞内都有成千上万个基因，这样每一代就会产生大量的突变。

基因突变在自然界是普遍存在的，基因突变产生新的等位基因，通过有性生殖中的基因重组，可以形成多种多样的基因型，从而使种群出现大量的可遗传的变异。由于突变和重组都是随机的、不定向的，因此它们只是提供了生物进化的原材料，不能决定生物进化的方向。

【探究活动】

自然选择对种群基因频率的影响

英国的曼彻斯特地区有一种桦尺蠖，它们夜间活动，白天栖息在树干上。杂交实验表明，桦尺蠖的体色受一对等位基因S和s控制，黑色(S)对浅色(s)是显性的。在19世纪以前，桦尺蠖几乎都是浅色型的，该种群中S基因的频率很低，在5%以下。到20世纪中叶，黑色型的桦尺蠖却成了常见的类型，S基因的频率上升到95%以上(图7-3、图7-4)。

19世纪时，曼彻斯特地区的树干上长满地衣。后来，随着工业的发展，工厂排出的煤烟使地衣不能生存，结果树皮裸露并被熏成黑褐色。

图7-3　长满地衣的树干上的桦尺蠖

图7-4　黑褐色树干上的桦尺蠖

3.自然选择决定生物进化的方向

在自然选择的作用下，具有有利变异的个体有更多的机会产生后代，种群中相应基因的频率会不断提高；相反，具有不利变异的个体留下后代的机会少，种群中相应基因频率会下降。因此，在自然选择的作用下，种群的基因频率会发生定向改变，导致生物朝着一定方向不断进化。生物的变异是不定向的，自然选择是定向的。

二、隔离与物种的形成

曼彻斯特地区桦尺蠖的基因频率发生了很大的改变，但是否形成了新的物种？为什么？怎样判断两个种群是否属于同一个物种？

1.物种的概念

能够在自然状态下相互交配并且产生可育后代的一群生物称为一个物种，简称“种”。不同物种之间，一般是不能相互交配的，有的即使能交配，也不能产生可育的后代，这种现象叫作生殖隔离。例如，马和驴(图7-5、图7-6)虽然能够交配，但是它们的后代——骡却是不育的，因此，马和驴之间存在生殖隔离，属于两个物种。

图 7-5　马

图 7-6　驴

同一个物种因地理因素分成许多不同的种群，它们之间因不能相遇而相互不能进行基因交流，这种现象称地理隔离。例如一个山谷中的一个鼠群被一条大河分成两个种群，经过长时间以后，大河干涸后，这两个种群再重新相遇时，却出现了很大的差异，即形成了两个不同的物种，它们之间已经形成了生殖隔离，此时它们之间不能进行自由交配了。

2.隔离在物种形成中的作用

在自然界中，新物种的形成往往要有隔离的发生，隔离是指不同种群间的个体，在自然条件下基因不能自由交流的现象。地理隔离和生殖隔离是常见的隔离类型。加拉帕戈斯群岛几种地雀的形成就是通过地理隔离形成新物种的典型实例（图 7-7）。

图 7-7　南美洲地雀

经过长期的地理隔离，不同种群在形态特征、生活习性上有了显著的差异，久而久之，这些种群的基因库就会形成明显的差异，并逐步出现生殖隔离。生殖隔离一旦形成，原来属于一个物种的地雀，就形成了不同的物种。由此可见，隔离是物种形成的必要条件。

物种形成本身表示生物类型的增加，同时，也意味着生物能够以新的方式利用环境条件，从而为生物的进一步发展开辟新的前景。

三、共同进化与生物多样性的形成

1.共同进化

任何物种的进化都不是单独进行的。有这样一种兰花，长着细长的花矩，花矩的顶端储存着花蜜，可以为同样长有细长吸管式口器的某些蛾类昆虫（图 7-8）提供食物。我们还看过猎豹追捕斑马的镜头（图 7-9），自然选择既有利于斑马种群中肌肉发达、动作敏捷的个体，也有利于猎豹种群中跑得快的个体。两个物种的进化过程相互促进。

图 7-8　某种兰花和专门给它传粉的蛾

图 7-9　猎豹追捕斑马

除了不同种生物之间在进化上密切相关外，生物的进化与无机环境也是相互影响的。例如，地球上原始大气中是没有氧气的，因此，最早出现的生物都是厌氧的。

不同物种之间，生物与无机环境之间在相互影响中不断进化和发展，就是共同进化。经过漫长的共同进化过程，地球上出现了千姿百态的物种，形成了多种多样的生态系统。

2.生物多样性的形成

生物多样性主要包括三个层次的内容：基因多样性、物种多样性和生态系统多样性。生物多样性的形成经历了漫长的进化历程（图 7-10）。

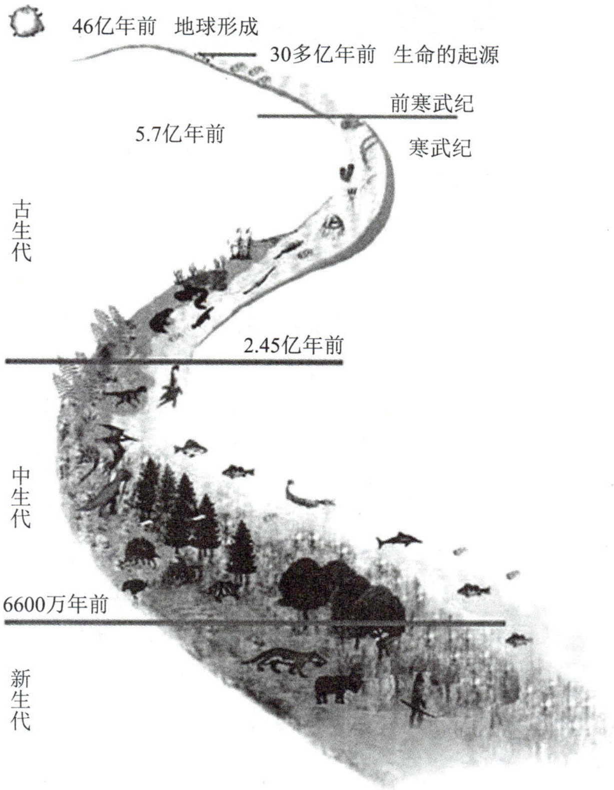

图 7-10　生物进化的历程示意图

生物进化历程的主要依据是化石。最早的生物化石是距今 35 亿年前的古细菌化石（图 7-11）。在此后大约 20 亿年的漫长岁月中，地球上的生物主要是海洋中种数不多的蓝藻和细菌，它们都是原核生物，此时期的生态系统中只有生产者和分解者。在距今约 15 亿年前，真核生物出现，有性生殖这样一种新的繁殖方式出现了。有性生殖实现了基因重组，这大大增强了生物变异的多样性，生物进化的速度明显加快。在距今约 5.7 亿年前，著名的寒武纪大爆发出现了，海洋中大量的无脊椎动物物种爆发式迅速形成。大量的动物成了生态系统的第三级——消费者，这使生态系统具有了更加复杂的结构，对植物的进化也产生了重要影响（图 7-12）。

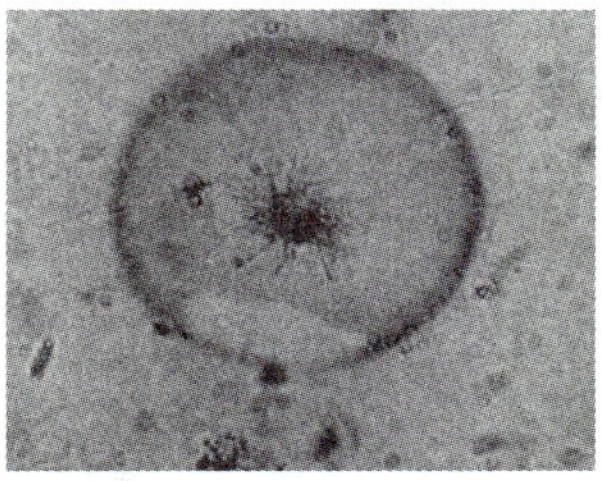

图 7-11　古细菌化石图

图 7-12　寒武纪的海洋生物类群想象图

在寒武纪,陆地上几乎没有生物。大约在距今4亿年前,由于造山运动,一些海洋生物开始适应陆地生活,形成原始的陆生植物,主要是蕨类植物(图7-13)。随后出现了原始的两栖类。生物的登陆改变着陆地环境,陆地上复杂的环境又为生物进化提供了广阔的生存空间,裸子植物和被子植物先后成为生产者,鸟类、哺乳类等成为地球上占优势的动物种群,复杂多样的陆地生态系统逐渐形成。

图7-13　4亿年前陆地景观想象图

在进化过程中,许多物种由于自然选择而灭绝了。例如,恐龙的灭绝。恐龙的绝灭为哺乳类的兴盛腾出了空间,使生物进化翻开了崭新的一页。

3.生物进化理论在发展

生物的进化是如此复杂,关于生物进化的争论和疑点还有很多。现有的进化理论所不能解释的问题比已经解释的问题还要多。在这些理论中,以自然选择学说为核心的进化理论比其他学说的影响要广泛和深远,它仍然是以后各个方面研究的基础。同其他科学理论一样,生物进化理论不会停滞不前,而是在不断发展。

【知识巩固】

一、判断题

1.发生在生物体内的基因突变,有可能使种群的基因频率发生变化。(　　)

2.两个种群间的生殖隔离一旦形成,这两个种群就属于两个物种。(　　)

3.物种大都是经过长期的地理隔离,最后出现生殖隔离而形成的。(　　)

4.一个物种的形成或灭绝,会影响到若干其他物种的进化。(　　)

5.物种之间的共同进化都是通过物种之间的生存斗争实现的。(　　)

6.在环境条件保持稳定的前提下,种群的基因频率不会发生变化。(　　)

二、填空题

1.物种是指分布在一定的______________,具有一定的______________和______________,而且在自然状态下能够______________和______________,并能够产生出______________的一群生物个体。

2.在自然界中,新物种的形成往往要有______________的发生,隔离是指不同种群间的个体,在自然条件下______________不能自由交流的现象。

3.以______________为核心的现代生物进化理论,其基本观点是______________是生物进化的基本单位,生物进化的实质在于种群的改变。______________、______________及______________是物种形成过程的三个基本环节,通过它们的综合作用,种群产生分化,最终导致新物种的形成。在这个过程中,______________产生生物进化的原材料,______________使种群的基因频率定向改变并决定生物进化的方向,______________是新物种形成的必要条件。

三、选择题

1.地球上最早出现的生物是(　　)。

A.单细胞生物,进行有氧呼吸　　B.多细胞生物,进行有氧呼吸

C.单细胞生物,进行无氧呼吸　　D.多细胞生物,进行无氧呼吸

2.对生物进化的方向起决定作用的是(　　)。

A.基因重组　　B.基因突变　　C.染色体变异　　D.自然选择

3.对种群概念的叙述,正确的是(　　)。

A.不同空间中同种生物个体的总和　　B.生活在同一山头的全部兔子的总和

C.一片水田中所有鱼的总和　　D.一个生态环境中相互关系的动植物的总和

4.下列关于隔离的叙述,不正确的是(　　)。

A.阻止了种群间的基因交流

B.长期的地理隔离不一定会导致生殖隔离

C.不同的物种之间必然存在着生殖隔离

D.种群基因库之间的差异是生物进化的根本原因

5.新物种形成最显著的标志是(　　)。

A.具有一定的形态结构　　B.改变了基因频率

C.具有一定的生理功能　　D.产生了生殖隔离

6.达尔文在《物种起源》中阐述的主要内容是(　　)。

A.基因理论　　B.条件反射　　C.进化论　　D.细胞学说

四、简答题

1.为什么说有性生殖的出现加快了生物的进化?

2.在进化地位上越高等的生物,适应能力越强吗?试说明你的观点和证据。

第八章
生物与环境

生物种类繁多，形态各异，但任何生物都只能在一定的分布区内生活。一切生物，包括人类，都依赖于周围的环境。

生物的活动也在影响和改变着环境。野兔既依赖牧草，但它们的活动也在改变着草场。至于人类的刀耕火种、毁林开荒、围湖造田、拦江筑坝等活动对环境的影响就更大了。研究生物与环境之间相互关系的科学，叫作生态学。

生态学的研究与人类的生活密切相关。地球上正面临种种环境危机，例如：物种急剧减少、森林变成沙漠、空气污染、水污染、全球变暖、酸雨、臭氧层破坏等。要解决这些问题，都离不开生态学。

第一节　生物与环境的关系

一、环境对生物的影响

（一）生态因素的概念

环境中影响生物的形态、生理和分布等的因素叫作生态因素。

生态因素：
- 非生物因素——阳光、温度、水等
- 生物因素——影响这种生物生存的其他生物

（二）非生物因素

非生物因素有很多种，如阳光、温度、水、空气、土壤等。下面只讲述阳光、温度和水这三种非生物因素对生物的影响。

1.阳光

阳光对植物的生理和分布起着决定性的作用。有人对某个海湾进行调查时发现，在浅水处生长了很多绿藻（图 8-1），稍深处则有很多褐藻，再深一些的水中则生长了很多红藻。阳光能够到达的极限为海面以下 200 米，因此，在 200 米以下的水域里，植物就难以生存了。

有些植物只有在强光下才能生长得好，如杨、柳、栎、松、草原植物和一般农作物等（图 8-2）。有些植物喜在较弱的光照条件下生长（光过弱也不行），多生长在潮湿、背阴的地方或密林里，如人参、三七（图 8-3）、冷杉等。

图 8-1　浅水中的绿藻

图 8-2　向日葵

动物都直接或间接取食于植物，因此光也影响动物的分布。大多数动物有趋光性，常在白昼活动，也有一部分动物有避光性，常在夜间活动（图 8-4）。光与动物的体色也有密切的关系，一般背光面色淡而向光面色深。

图 8-3　三七

图 8-4　夜行性动物

2.温度

植物一般生活在 0 ℃～30 ℃范围内，在这个范围内，温度上升，根的吸收作用、叶的光合作用和蒸腾作用都增强。植物的地理分布也受温度的制约。多数植物能适应较大幅度的温度变化，这类植物分布广泛。苹果、梨等果树不宜在热带地区栽种，柑橘不宜在北方栽种，这些都是由于受到温度的限制的缘故。

大多数动物生活在-2 ℃～50 ℃范围中。有些动物常以冬眠和迁移的生活方式来适应极限温度，有些动物能随着季节变化有规律地迁移，如鱼类的洄游、鸟类的迁徙。

温度能够影响动物的形态。例如，生活在北极的狐与生活在非洲沙漠的大耳狐相比，耳朵要小得多。

3.水

我们知道，水是生物体的重要组成成分。一年中的降水总量和雨季的分布等，是限制陆生生物分布的重要因素。在干旱的沙漠地区，只有少数耐干旱的动植物能生存，而在雨量充沛的热带雨林地区（如我国南部的海南岛等地）却森林茂密，动植物种类繁多。

（三）生物因素

自然界中的每一个生物，都受到周围很多生物的影响，在这些生物中，既有同种的，又有不同种的。因此，生物因素可以分为两种：种内关系和种间关系。

1.种内关系

生物在种内关系上，既有种内互助（图 8-5），也有种内斗争（图 8-6）。

图 8-5　种内互助

图 8-6　种内斗争

种内互助的现象是常见的，其中以社会性生活的蜂、蚁、猿、猴等尤为突出。

在种内斗争方面，如同种作物之间由于争夺水分、温度、养分、光照和空气，而呈现出个体的差异。因此种植的密度是不是合适对作物产量的影响很大。合理密植可以充分利用单位土地面积的阳光、空间和地力，提高产量。

我们可以把种内斗争视作生物适应环境的一种方式。

2.种间关系

种间关系是指不同种生物之间的关系，包括共生、寄生、竞争、捕食等。

（1）共生。两种生物共同生活在一起，相互依赖，彼此有利；如果彼此分开，则双方或者一方不能独立生存。两种生物这种共同生活的关系，叫作共生。

如地衣（图 8-7）是藻类和真菌的共生体，藻类通过光合作用制造有机物供真菌利用；真菌吸收无机盐和水分供藻类利用。

（2）寄生。一种生物寄居在另一种生物的体内或体表，从那里吸取营养物质来维持生活，这种现象叫作寄生。动物中寄生现象相当普遍，几乎所有动物都受寄生物侵害，如蚊和蜱。植物中也有寄生现象，如菟丝子（图 8-8）。

图 8-7　地衣

图 8-8　菟丝子

（3）竞争。两种生物生活在一起，由于争夺资源、空间等而发生斗争的现象，叫作竞争（图 8-9）。如食草动物间争夺食料和地盘的竞争。

（4）捕食。捕食关系指的是一种生物以另一种生物为食的现象。它是生物之间最常见、最基本的相互关系之一。食草动物直接吃植物。有的动物捕捉另一种动物为食（图 8-10），前者称为捕食者，后者称为被捕食者。

图 8-9　大象和狮子抢夺水源

图 8-10　狮子捕食斑马

综上所述，生物受到很多生态因素的影响，这些生态因素共同构成了生物的生存环境。生物只有适应环境才能生存。

二、生物对环境的适应

（一）适应的普遍性

生物只有适应环境才能生存，不同的生物对环境的适应方式是不同的。绿色植物一般都有较大的叶片，用来进行光合作用，并且能通过蒸腾作用促进根系吸水和植物体散热。猛兽和猛禽（如虎、豹、鹰等）都具有锐利的牙齿（或喙）和尖锐的爪，有利于捕食其他动物；被捕食的动物也不会坐以待毙，它们能以各种适应方式来防御敌害，例如，鹿、兔、羚羊等动物奔跑速度很快。

很多生物在外形上都具有明显的适应环境的特征，在这方面有很多生动有趣的现象，如保护色、警戒色、拟态等。

1.保护色

动物适应栖息环境而具有的与环境色彩相似的体色，叫作保护色。斑马身上的条纹漂亮而雅致，是同类之间相互识别的主要标记之一，更重要的则是形成适应环境的保护色，作为保障其生存的一个重要防卫手段。

2.警戒色

某些有恶臭或毒刺的动物所具有的鲜艳色彩和斑纹，叫作警戒色。例如，黄蜂腹部黑黄相间的条纹就是一种警戒色。据有人研究，鸟类被黄蜂蜇一次，会记忆几个月，再遇到黄蜂就会很快地避开。

3.拟态

某些生物在进化过程中形成的外表形状或色泽斑，与其他生物或非生物异常相似的状态，叫作拟态。例如，有的螳螂若虫的足像美丽的花瓣，可以诱使采食花粉的昆虫飞近，从而将这些昆虫捕食。竹节虫的形状像竹节或树枝，枯叶蝶停息在树枝上的模样像枯叶。

保护色、警戒色和拟态等，都是生物在进化过程中，通过长期的自然选择而逐渐形成的适应性特征。

（二）适应的相对性

通过上述实例，我们知道了适应的普遍性。我们还应该知道适应的相对性。生物对环境的适应只是一定程度上的适应，并不是绝对的、完全地适应。例如，池塘里的生物对于水生生活是适应的，如果由于气候的变化或地势的改变，池塘逐渐干涸了，生活在那里的大部分生物便会死亡。

（三）生物与环境的相互关系

生物只有适应环境，才能生存下去。生物在适应环境的同时，也能够影响环境。

环境中某种生物的数量和分布，会对环境中其他多种生物产生影响。例如，草原上，草本植物的多少会对植食性动物产生直接的影响，对肉食性动物产生间接的影响。草原沙漠化，使人和动物被迫迁离。

生物的生命活动对无机环境也有影响。例如，森林能防沙固水，通过蒸腾作用增加空气的湿度，通过光合作用向空气中释放氧。柳杉能够吸收二氧化硫等有毒气体，从而能够净化空气；鼠对农作物、森林、草原都有破坏作用。

全球性的环境问题，如酸雨、温室效应、臭氧层的破坏等，都是人类活动对环境的影响造成的，随着人类的发展和人口数量的增加，人类活动对环境的影响越来越大。地球上的全人类需要提高认识，行动起来，防止环境的进一步恶化。

生物与环境之间是相互作用的，它们是一个不可分割的统一的整体。

【知识巩固】

一、填空题

1.研究____________之间相互关系的科学叫作生态学。

2.环境中影响生物的____________、____________和____________等的因素叫作生态因素。生态因素可以分为两类：____________和____________。

3.所有的生物对环境都有一定的适应性，这说明生物的适应具有____________性；蝗虫虽然具有保护色，但是仍有一些个体被食虫鸟类所捕食，这说明生物的适应具有____________性。

二、选择题

1.对下列生物现象起主导作用的生态因素分别是：

(1)苹果树不宜在热带栽种(　　)。

(2)山坡阳面的小麦比阴面的长得好(　　)。

(3)沙漠地区生物种类稀少(　　)。

A.阳光　　　B.温度　　　C.水

2.下列不同种的生物之间的关系是：

(1)狮和鹿的关系是(　　)。

(2)树皮中的天牛幼虫与它所寄居的树种之间的关系是(　　)。

(3)白蚁以木头为食，但是它自身不能消化木纤维。白蚁肠内的鞭毛虫能够将木纤维分解成果糖，这些果糖既可以供白蚁利用，又可以作为鞭毛虫的食物。白蚁和它肠内的鞭毛虫的关系是(　　)。

(4)麦田中的小麦与杂草之间的关系是(　　)。

A.竞争　　　B.捕食　　　C.寄生　　　D.共生

3.很多生物在外形上具有明显的适应环境的特征，如保护色、警戒色和拟态，分析下列生物的特征分别属于哪一种类型？

(1)变色龙的体色能够随环境色彩的变化而改变，并与环境的色彩保持一致(　　)。

(2)生活在亚马孙河流域的南美鲈鱼形如败叶，浮在水面(　　)。

(3)黄蜂腹部具有黄黑相间的条纹(　　)。

A.保护色　　　B.警戒色　　　C.拟态

4.下列大型水利枢纽中，最早修建于长江干流上的是(　　)。

A.葛洲坝工程　　　B.三门峡工程　　　C.三峡　　　D.刘家峡

第二节　生态系统

一、生态系统的概念

生物群落及其无机环境相互作用的自然系统，叫作生态系统，简称生态系。

生态系统的范围有大有小，如一片森林、一块草地、一个池塘、一块农田、一条河流等，都可以各自成为一个生态系统。地球上最大的生态系统是生物圈，它包括地球上的全部生物(包括人)及其无机环境。生态系统就是在一定的空间和时间内，各种生物之间以及生物与无机环境之间，通过能量流动和物质循环而相互作用的一个自然系统。

二、生态系统的结构

在各种类型的生态系统中，生活着各种各样的生物群落，既有大量的非生物的物质和能量，也有大量的植物、动物和微生物（如细菌、真菌等）等组成成分。这些成分之间不是毫无联系的，而是形成了一定的结构。生态系统的结构包括两方面的内容：生态系统的成分、食物链和食物网。

（一）生态系统的成分

生态系统一般都包括以下四种成分：非生物的物质和能量、生产者、消费者和分解者。

1.非生物的物质和能量

非生物的物质和能量包括阳光、热能、空气、水分和矿物质等。阳光照射在水面上，源源不断地为这个生态系统提供能源。池塘中的水，溶解在水中的空气和养料、池底的有机物和无机盐，这些都是这个生态系统中的非生物的物质。

2.生产者

池塘中有大量的藻类，此外往往还有浮萍等植物，这些植物能够利用阳光，通过光合作用，把无机物制造成有机物，把光能转变成储存于有机物中的化学能，所以把它们叫作生产者。生产者属于自养生物，是生态系统的主要成分。

3.消费者

池塘中有大量的动物，如水蚤、水生昆虫、各种鱼类等。它们的生存都直接或间接地依赖于绿色植物制造出来的有机物，所以把它们叫作消费者。消费者属于异养生物。动物中直接以植物为食的食草动物（也叫植食性动物），如水蚤、草鱼等，叫作初级消费者；以食草动物为食的是食肉动物，如以浮游动物为食的鳙鱼等，叫作次级消费者；以次级消费者为食的是肉食性动物，叫作三级消费者，如能捕食鳙鱼的鳢（也叫乌鳢、黑鱼）等。

4.分解者

池塘中有许多肉眼看不见细菌和真菌，它们能把动植物的尸体、排泄物和残落物等所含有的复杂的有机物，分解成简单的无机物，归还到无机环境中，再重新被绿色植物利用来制造有机物，所以把它们叫作分解者。

（二）食物链和食物网

在生态系统中，各种生物之间由于食物关系而形成的一种联系，叫作食物链。如兔吃草，狐吃兔，在这个简单的食物链中，作为生产者的草类为初级消费者兔所食，兔又为次级消费者狐所食，这条食物链从草类到狐共有三个环节，即三个营养级：生产者草类为第一营养级，初级消费者兔为第二营养级，次级消费者狐为第三营养级。各种动物所处的营养级的级别，并不是一成不变的。

在生态系统中，生物的种类越复杂，个体数量越庞大，其中的食物链就越多，彼此间的联系也越复杂。在一个生态系统中，许多食物链彼此相互交错联结的复杂营养关系，叫作食物网，如图 8-11 温带草原生态系统的食物网。

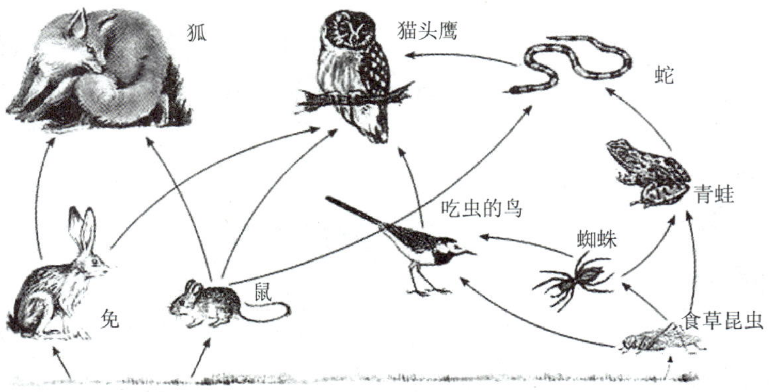

图 8-11　温带草原生态系统的食物网

生态系统内的物质和能量就是顺着食物链和食物网流动的。

三、生态系统的功能

(一)生态系统的能量流动

生产者所固定的太阳能的总量便是流经这个生态系统的总能量,其中一部分能量在生产者的呼吸作用中以热能的形式散失了,另一部分则用于生产者自身的生长、发育和繁殖等生命活动,也就是储存在构成生产者的有机物中。在后一部分能量中,一部分(如生产者遗体、残枝败叶等)被分解者分解而释放出来,还有一部分能量则被初级消费者(如兔)摄入体内。被初级消费者摄入体内的能量,有一部分作为粪便等排泄物排出体外,其余大部分则被初级消费者所同化。这样,能量从第一营养级流入了第二营养级。初级消费者所同化的能量,一部分通过呼吸作用被消耗掉了,另一部分用于生长、发育、繁殖等生命活动。次级消费者、三级消费者等体内的能量变化,与初级消费者的情况大致相同。消费者的尸体、粪便等与生产者的遗体、残枝、败叶一样,也被分解者所利用,并通过分解者的呼吸作用,将其中的能量释放到环境中去(图 8-12)。

由此可见,生态系统中的能量来自光能,被生产者固定、转化为化学能,这些是沿着营养级逐级流动的。

讨论:从上一个营养级流入下一个营养级的能量是逐级增多还是逐级递减,为什么?

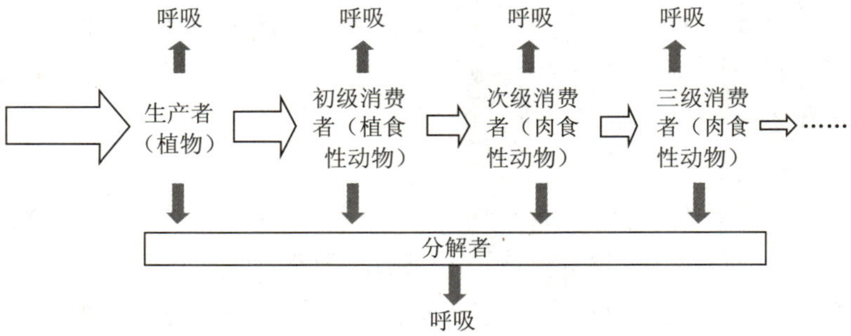

图 8-12　生态系统的能量流动图解

由于生产者、各级消费者等各个营养级的生物都会因呼吸而消耗相当大的一部分能量,并且各个营养级的生物中总有一部分生物未被下一个营养级的生物所利用,所以能量在逐级流动中就会越来越少。经过广泛深入地研究和大量的统计分析已经发现,在输入到一个营养级的能量中,只有10%~20%的能量能够流动到下一个营养级。

综上所述,生态系统的能量流动具有两个明显的特点:单向流动和逐级递减。

(二)生态系统的物质循环

生物在不停地呼吸过程中,每天都要消耗大量的氧,为什么我们并未感觉到空气中的氧气缺乏呢?

在生态系统中,组成生物体的 C、H、O、N、P、S 等基本元素在生物与无机环境之间可以反复地出现,循环地流动,这就是生态系统的物质循环(图 8-13)。这里所说的生态系统,指的是地球上最大的生态系统——生物圈。

(三)能量流动和物质循环的关系

生态系统的能量流动是随着物质循环而进行的。能量的固定、转移和释放,离不开物质的合成与分解等过程,反之亦然。由此可见,能量流动和物质循环之间相辅相成,具有不可分割的联系。生态系统中的各种组成成分——非生物的物质和能量、生产者、消费者和分解者,正是通过能量流动和物质循环,才紧密联系在一起,形成一个统一的整体。

四、生态平衡

(一)生态平衡的概念

任何一个正常的生态系统中,能量流动和物质循环总是不断地进行着,但在一定的时期内,生产者、消费者和分解者之间都保持着一种动态的平衡,这种平衡状态就叫生态平衡。在自然生态系统中,平衡还表现为生物种类和数量的相对稳定。

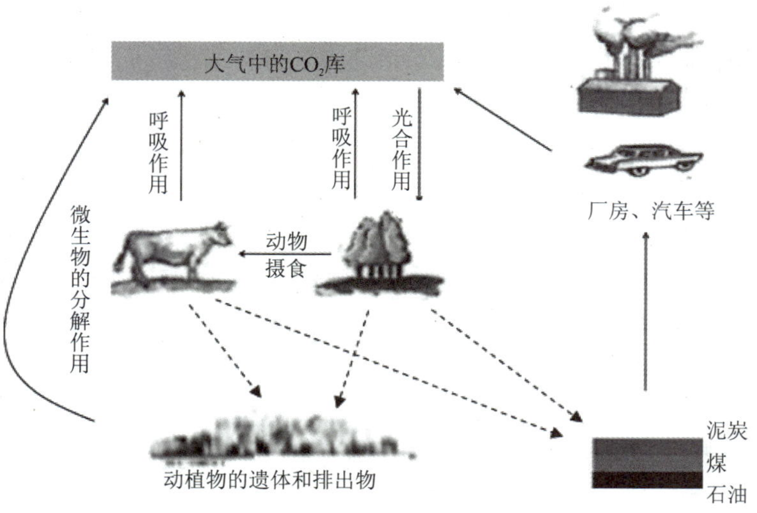

图 8-13　碳循环

(二)生态平衡的原理

生态系统之所以能保持动态的平衡,主要是由于内部具有自动调节的能力。如食肉动物对食草动物的捕杀,不仅能控制食草动物种群的数量,从某种意义上说同时也是提高食草动物的质量。

生态系统的组成成分越多样,能量流动和物质循环的途径越复杂,其调节能力也越强;相反,成分越单纯,结构越简单,其调节能力也越小。

一个生态系统的调节能力再强,也是有一定限度的,超过了这个限度,调节就不再起作用,生态平衡就会遭到破坏,使人类和生物受到损害。

(三)破坏生态平衡的因素

这些因素有自然原因,也有人为的因素。自然原因如火山喷发、山崩海啸、水旱灾害、地震、台风、流行病等自然灾害。人为因素主要指人类对自然资源的不合理利用,工农业发展带来的环境污染等问题,人为因素引起的生态平衡的破坏,主要有三种情况:

1.物种改变引起平衡的破坏

人类有意或无意地使生态系统中某一种生物消失或往其中引进某一种生物。例如:澳大利亚从欧洲引进了兔子,由于当地没有天敌予以适当限制,致使兔子大量繁殖,最后不得不引进一种兔子的传染病,使兔群大量死亡,总算将兔子造成的生态危机控制住了。另外如滥猎滥捕鸟兽,收割式地砍伐森林,都会因某物种的数量减少或灭绝而使生态平衡受到破坏。

2.环境因素的改变

工农业的迅速发展,有意或无意地使大量污染物质进入环境,从而改变生态系统的环境因素,影响整个生态系统,甚至破坏生态平衡。臭氧层在不断变薄;由于大气"温室效应"增强,我们居住的地球正在变暖。酸雨直接危害植物的叶和芽,使农作物和树木死亡。

3.信息系统的破坏

许多生物在生存的过程中,都能释放出某种信息素(一种特殊的化学物质)以驱赶天敌、排斥异种,或取得直接或间接的联系以繁衍后代,化学生态学就是研究这类信息素的。例如某些昆虫在生殖时期,雌虫会排出一种性信息素,靠这种性信息素引诱雄性个体来繁殖后代。但是,如果人们排放到环境中的某种污染物质与某一种动物排放的性信息素起了化学作用,使其丧失引诱雄性个体作用时,就会破坏这种动物的繁殖,改变生物种群的组成结构,使生态平衡受到影响。

(四)保持生态平衡的重要意义

上述实例说明,生态平衡的破坏往往会带来严重的后果。因此,我们应当采取措施,保持生态系统的平衡。保持森林生态系统、农田生态系统、草原生态系统、水域生态系统的平衡,就是保持动植物资源库和绿色蓄水库，有利于农林牧渔业和多种经营的发展。

总之，只有保持生态系统的平衡，才能从生态系统中获得持续稳定的产量，才能使人与自然和谐地发展。

【知识巩固】

一、填空题

1.生态系统的主要功能是进行________________。

2.生态系统中的C、H、O、N等元素可以在生物与环境之间反复地出现，而能量流动是____________的，而且是逐级________________的。

3.生态系统发展到一定阶段，它的________________、________________和分解者之间能够较长时间地保持着一种动态的平衡，也就是说，它的________________和________________能够较长时间地保持着一种动态平衡，这种平衡状态就叫作生态平衡。

4.使生态系统遭到破坏的因素包括________________和________________两类。

5.生态系统的结构包括两方面的内容：________________；________________。

6.生态系统一般都包含四种成分：____________，____________，____________，____________。

7.在柳树叶片→蝉→螳螂→黄雀→鹰这条食物链中，共有四种消费者，其中初级消费者是________________，次级消费者是________________，三级消费者是________________。

8.在草→兔→狐→狼这条食物链中，共有四个营养级，其中属于第二营养级的是________________，属于第三营养级的是________________，属于第四营养级的是________________。

二、判断题

1.生态平衡意味着生态系统中各种生物的数量都恒定不变。(　　)

2.生态系统的成分越单纯，营养结构越简单，自动调节能力就越小，生态平衡就越容易被破坏；生态系统的营养结构越复杂，自动调节能力就越大，生态平衡就越容易维持。(　　)

第三节　生态环境的保护*

一、生物多样性及其保护

地球上所有的植物、动物和微生物，它们所拥有的全部基因以及各种各样的生态系统，共同构成了生物多样性。生物多样性包括遗传多样性、物种多样性和生态系统多样性。生物多样性是人类赖以生存和发展的基础，是人类及其子孙后代共有的宝贵财富。

我国的物种多样性和遗传多样性也面临着严重的威胁。例如，新疆虎、野马(图8-14)等已经灭绝或者在我国境内绝迹，毛脉蕨等野生植物也早已绝迹。大熊猫、金丝猴、野骆驼(图8-15)、银杉、珙桐、人参等野生动植物的分布区域明显缩小，种群数量骤减，处于濒临灭绝的状态。

图8-14　野马

图8-15　野骆驼

我国生态系统的多样性同样面临着严重的威胁。例如，长江流域的许多湖泊被改造成农田。截止到1994年，仅湖北、湖南、江西和安徽四省的湖泊，被围垦的就有1132.2 km^2。又如，我国的天然林面积，1981年比1976年减少了51 km^2，占总面积的5.2%。再如，截止到1997年，我国某地区退化草原的面积占全地区可利用草原面积的50%左右。

生物多样性的保护，包括就地保护、易地保护以及加强教育和法制管理等。

1.就地保护

就地保护是指为了保护生物多样性，把包含保护对象在内的一定面积的陆地或水体划分出来，进行保护和管理。就地保护主要指建立自然保护区(图8-16)。

图8-16 扎龙国家级自然保护区

2.易地保护

易地保护是指为了保护生物多样性，把因生存条件不复存在，物种数量极少或难以找到配偶等原因，而生存和繁衍受到严重威胁的物种迁出原地，移入动物园、植物园、水族馆和濒危动物繁育中心，进行特殊的保护和管理。易地保护是就地保护的补充，它为行将灭绝的生物提供了生存的最后机会。

3.加强教育和法制管理

要做好生物多样性的保护工作，重要的任务是教育广大民众，使每一位公民都能从增强环境意识的高度，自觉地提高生物多样性保护的自觉性，积极参加生物多样性保护的各项活动。

我们强调保护生物多样性，并不意味着禁止开发和利用，只是反对盲目地、掠夺式地开发和利用。总之，只要对生物多样性保护和利用得当，生物多样性将世世代代地、可持续地为人类造福。

二、生物对环境污染的防治

环境污染可以分为大气污染、水污染、土壤污染、固体废弃物和噪声污染等。环境污染严重地威胁着人类和其他生物的生存与发展。

1.绿色植物的净化作用

绿色植物的净化作用主要体现在以下三个方面：一是绿色植物能够在一定浓度范围内吸收大气中的有害气体。例如，1公顷柳杉林每个月可以吸收60 kg二氧化碳。二是绿色植物可以阻滞和吸附大气中的粉尘和放射性污染物。例如，1公顷的山毛榉一年中阻滞和吸附的粉尘达68 t。三是许多绿色植物如悬铃木、橙、圆柏等，能够分泌抗生素，杀灭空气中的病原菌。因此，森林和公园空气中病原菌的数量比闹市区明显减少。

2.微生物的净化作用

污染物中往往含有大量的有机物。土壤和水体中有大量的细菌和真菌，这些微生物能够将许多有机污染物逐渐分解成无机物，从而起到生物净化作用。

自然界中不同的有机污染物，被微生物分解的情况不同：有些有机污染物比较容易分解，如人畜粪尿等；有些有机污染物比较难分解，如农药等；有些有机污染物则不能被微生物分解，如塑料、尼龙。

污水处理厂对污水进行处理时，一方面利用过滤、沉淀等方法，除去工业污水和生活污水中个体比较大的固体污染物；另一方面利用污水中的多种需氧微生物，把污水中的有机物分解成二氧化碳、水及含氮的和含磷的无机盐等，使污水得到净化。污水经过净化处理以后，达到国家规定的排放标准，就可以用于农田灌溉和工厂的冷却用水等。

【知识巩固】

一、选择题

下列各大洲中，污染最少，最适宜进行冰川海洋等科学考察的是（　　）。

A.欧洲　　B.非洲　　C.大洋洲　　D.南极洲

二、简答题

1.生物多样性的保护措施有哪些？

2.简述生物净化的作用。